時兆文化

NEWSTART

新食煮意

高纖維·無提煉油·無精製糖·無蛋·無奶·零膽固醇健康食譜

Light your health!

新起點天然健康素食譜

　　臺安醫院自從推廣『新起點健康生活計畫』以來，很多參加者因飲食習慣的改良，健康得到明顯的改善。為了讓更多關心自己健康的民眾受惠，臺安醫院決定將多年研發的新起點健康食譜《新食煮意》出版，這真是值得慶賀的事。

　　今日普遍見到的富貴病和慢性病，其主要成因之一乃是長期的飲食習慣不適當、不正常；健康的飲食習慣包括三餐定時、營養均衡、烹調適當和熱量適中。若再加上飯桌上的食物色、香、味俱全，那麼飲食不只可帶來健康，更是享受。

　　我們要養成不單靠胃口和口味來決定我們所選的飲食，我們必須運用自己的知識和智慧來選擇食物，所以『新起點』提倡「用腦及用口來吃」！

　　每次當我與別人分享健康飲食習慣的時候，很多朋友都以繁忙無時間為理由，而忽略應有的飲食習慣，真是太可惜！今日太多人把應該用來注意自己飲食習慣的時間疏忽掉不用，結果卻變成到醫院看病。我建議各位用您寶貴的時間，研究並使用手中的這本食譜，它是為您自己的健康所作的最好及最重要的投資。

　　當我看見今日的父母普遍忙於工作，讓自己的小孩隨便吃，或常用快餐速食、零食和汽水充當正常的三餐，真叫我痛心和憂慮。我們的下一代若要健康和快樂，我們有責任教導他們養成健康的飲食習慣，還有每日繁忙工作的大人們也是一樣，我們除了在家中、在學校、在職場亦然。新起點健康飲食習慣可以為我們的兒童和大人打好健康的基礎，讓他們曉得節制、運用選擇力、使體重適中、免疫力增強、精神好和學習能力高。

　　臺安醫院能夠出版健康素食譜，乃秉持基督復臨安息日會全球170多間醫院一貫立場，為住院病患及員工提供健康素食，以促進身體的康復和健康。原來素食有多種，即一般宗教素、蛋奶素和天然素食等。臺安醫院及全球姐妹醫院主要是提供蛋奶素食。同時，臺安醫院供應新起點天然素食餐，以低鹽、高纖維、無提煉油、無精製糖、無蛋、無奶為其特色。本食譜就是認識新起點天然素食的最佳材料。

　　臺安醫院營養室劉啟琴主任及同仁，以專業精神加上實際經驗，盡心竭力，編寫此本《新食煮意》食譜，內容豐富又實用，故特予推薦。

實行蛋奶素二十多年，後改為新起點天然素食多年
現任台灣臺安醫院及香港港安醫院董事長
畢業於美國加卅羅馬林達研究院
國際健康公共衛生碩士及健康管理碩士

胡子輝

自然健康的飲食觀念

NEWSTART

　　健康的飲食最大原則是「簡單」，簡單吃、簡單作，食材簡單、烹調簡單，沒有多餘的添加物、沒有色素，原色、原味的料理是最符合健康的需求。我們人類的基因原先上帝就設計成可以用最簡單的方式度過遠古時代物質貧瘠的生活，所以今天面臨物質豐盛、精緻、而且繁複的烹調，反而出現營養過剩及營養破壞的現象。這是人類用自己的智慧背離上帝交代秉持著過簡單、健康生活原則所造成的結果。美、加等先進國家，在近年來的醫學研究指出，導致國民致病之因素歸納為四大類：行為因素及不健康的生活型態佔50%、環境引起的危害佔20%、人體的生物因素佔20%及醫療保健體系不健全佔10%。

　　台灣行政院衛生署國民健康局亦指出：「生活型態是造成疾病發生的主要原因，高度都市化的地區，往往也是疾病盛行最高的地方。不正確的生活習慣則是產生疾病的元兇之一。實現健康的生活才是抗老化及養生或預防慢性病的基本原則，其中飲食是重要的一環，但也是最難以改變的行為。」

　　臺安醫院自1997年引進「新起點　NEWSTART」健康生活計劃就是本著「簡單」的八大原則，包括：Nutrition 營養、Exercise 運動、Water 水、Sunshine 陽光、Temperance 節制、Air 空氣、Rest 休息、Trust 信靠，教導民眾重建自己的健康。癌症、腦血管疾病、心臟病、高血壓正是世人的健康殺手，高脂肪飲食與這些疾病有密切的關係；流行病學報告呈現出跨國間乳癌死亡率與國民的油脂攝取量關係密切；大腸癌也有類似的相關性。充分的科學證據肯定降低油脂攝取量有利健康，因此，推薦給大家的飲食觀念為無動物性、無蛋、無奶的食材，無提煉油、無精製糖、少鹽、少調味料和多一些天然素材。同時我們也鑑於實行「新起點」健康生活的民眾往往碰到食物取材與烹調的不易，因而放棄這種生活方式，誠屬可惜，這即是我們所推薦「簡單飲食」的原因。如果讀者可以體驗「新起點」健康飲食的「天然之味 The taste of nature」，並搭配運動，吸收大自然元素之全方位健康身心原則，是可以幫助您開始邁向健康，建立自然健康的飲食觀念及生活方式，進而延緩或預防慢性病的發生，並促進生命健康與生活的品質。

　　我們期待《新食煮意》會帶給讀者不一樣的觀念，且實行起來很方便、很健康。飲食與包裝是一樣的，過度的包裝會造成環境的污染，過度精緻的飲食同樣也會造成體內環保的污染。上帝在聖經中教導我們什麼是潔淨與健康的食物是出版這本書的動機，同時也讓我們看到全民健康的異象。

臺安醫院院長

黃暉庭

體驗人生新起點──改善慢性病

活的見證新起點體驗營

「人活著不是單靠食物，也不是單靠運動，而應靠著健康生活」，這是八百多位參加臺安醫院新起點健康生活計劃聯誼會會員們的共同體認。

我今年六十八歲，在幾年前，聽太太的勸說，放下手邊工作，挪出二星期時間，參加新起點體驗班，卻發現了意想不到的神奇效果，不僅原本收縮壓高到一百六十至一百七十毫米汞柱，舒張壓也高到一百毫米汞柱，且三酸甘油脂偏高。沒想到二星期後，血壓回復正常，體重也從八十五公斤，降為七十九公斤，減肥效果比吃減肥藥還好，也沒有副作用。

我在課程上學到的「無精製油、無精製糖、無奶、無蛋」，也不用味精調味、不喝咖啡，每天喝二、三千西西白開水的飲食原則維持一年，體重降至七十四公斤，整整少了十一公斤，不過我坦承，前些時候受不了美食誘惑，一度開禁，結果胖到八十一公斤，最近打算重返醫院受訓，讓自己更健康。

曾經有學員說，得了慢性病好像被醫生宣判死刑一樣，常活在發病的恐懼中，但是參加「新起點」之後，原本的毛病幾乎不藥而癒，讓他們又充滿活力，對未來滿懷信心及希望。

目前聯誼會有兩千多名會員，其中以五十至七十歲為多，也有廿多歲年輕人為了健康緣故前來，目前參加者中，年紀最小的是一位五歲小朋友，他是跟爸媽一起來。聯誼會也有一個特色，會員多是「好康鬥相報」，也不少夫妻檔，太太先來參加，覺得效果很好，也替孩子報名，像我本身就是佛教徒，但是我們一家四口都接受過新起點14天的課程訓練。全家一起來的好處是，可以互相提醒、砥礪，主婦或主夫在準備食物時，只要做一套就好。

新起點提供會員食宿、健檢、各項課程，包括：醫師及營養師主講的醫學課程、水療按摩、健康營養的天然烹調法、室內及戶外運動健身、精神心靈培育課程等，還有畢業學員聯誼會及貫徹追蹤健康生活成效，內容豐富。

參加新起點最大的困難就是受不了美食的誘惑，但自己要想清楚生病的痛苦，例如洗腎的人，自己要選擇，是一背子洗腎，還是要遵守新起點飲食？當我們看見病人的痛苦，自己就必須作一個重大的抉擇：究竟是要美食，還是要健康？

（編者按：本文作者現為成功企業家、佛教徒，全家四人共計參加新起點十四天課程三梯次，擔任兩屆新起點會員聯誼會委員，及八屆會長（現任），熱心贊助新起點推廣活動。）

2007年新起點聯誼會會長

嚴長秋

我參加了2002年1月20日至2月3日新起點第21期為期14天的體驗營，當時我患有糖尿病（血糖值200）、肥胖症（身高157公分體重66.5公斤）、心臟病、腦中風（血管病變）、憂鬱症。來新起點前3星期，曾因發燒至42度而得了肺炎，真的帶著滿身的病痛來到新起點，來時雖體力不濟，但不得不咬緊牙關，努力的參與每一個課程。我征服了抗寒冬、抗惰性運動、抗耐力，激勵自己加油前進，要有自信心，要有毅力。真的是「不經一番寒徹骨，那得梅花撲鼻香」。經過14天的體驗及學習結業，當天我交出一張漂亮的成績單，例證：體重減去6公斤，血糖降至147（已14天不吃藥，心臟不再有抽筋痛，晚上睡前，早上起床、午睡起來再也看不到眼白充血、頭痛，腦中記憶清晰了，憂鬱症也不藥而癒了，我感到全身充滿了活力。感謝上帝的大能及祂的恩典，讓我猶如重新得到新生命一般的喜悅，那種感覺非常奇妙，好神奇。

猶記當我報到的那一天，身邊還帶著一大堆的藥，每天須吃下32顆的藥，且已持續服了7年之久，但是來到新起點，中心的醫師建議我停止服用，並要我晚餐須禁食，這對我來說可是個一大考驗，理性告訴我不能再作藥物的奴隸，就不加思索地毅然決然實踐了新起點的8大生活原則，讓我從此之後，無藥一身輕，再也不用藥來控制纏繞我身。我的身體內外及心理的改變真奇妙。

現在我要用實際的數據（化驗報告）給各位，看上帝在我身體上的完全改造的經過。我能各位也能，與各位共勉之，我抱著一顆誠摯的心說好東西要給好朋友分享。請大家告訴大家，謝謝。

項 目	91.1.22日驗血報告	正常值	91.7.12日驗血報告
血糖飯前	159	70-120	115
血脂肪			
膽固醇	237	150-220	166
中性脂肪 (三酸甘油脂)	271	65-130	70
高密度膽固醇	67	43-75	43
低密度膽固醇	116	150	116
尿酸	8.4	男:3.5-7 女:2.5-6	5.5
血管硬化指數	5.95	4.5	3.86
腎功能			
尿素氮	13.8	8.20	8.5
肌酸酐	0.94	0.5-1.5	0.82
肝功能			
草乙酸轉氨	45	8-40	14
丙酮酸轉氨	40	5.-35	20
血液			
白血球	9300	500-10000	5100
紅血球	466	400-500	426
血色素	13.3	12-16	13.5
血球容積比	39.5	37-48	37.1
紅血球平均體積	84.8	85-99	87.1
平均血色素量	28.5	27-35	31.7
平均血色素濃度	33.7	32-36	36.0
血小板	22.6	14-35	21.8
體重	66公斤	正常值	54公斤

特別附帶提的是新起點健康中心的景色宜人，也是吸引我來的因素，「香霧迷濛，祥雲掩擁，蓬萊仙島清虛洞、瓊花玉樹露濃」這首詩詞足以形容此地之優美，連綿山脈勝黃山，校園美景勝蘇杭，如此的描寫一點也不為過。這14天健康的體驗加上如此的仙境，希望你也能來同享如此的健康福分。

（編者按：本文作者為2002年新起點健康生活計劃學員）

邱秦曉春

讓我「變胖」的新起點飲食

921大地震撼天動地，南投房舍震垮無數。在偶然的機緣裡，有幸成為台北台安醫院於921地震前的最後一期魚池班學員，沒想到當時只為散心度假參加的活動，卻在接觸「新起點」的「八大自然原則」後，無心插柳柳成蔭的改變了整個飲食、生活習慣，也改善了長年不佳的體質，而使得人生有了「新起點」。

研習結業將近九百個日子後的今天，細數「八大自然原則」，猛然醒覺其中帶有太多前輩對於人類健康的期盼、帶有太多台北台安醫院「新起點」工作團隊成員的愛心。感恩新起點所有員工慈悲親切、犧牲奉獻、毫不保留的為學員付出一切所能，親切的照顧學員不遺餘力，短短兩週健康營的生活點滴，至今仍然溫暖心頭。

執教四十三年，不知吸進了多少粉筆灰，課業指導上的壓力、樣樣求完美的個性使我變成神經質，體弱多病、暈眩、失眠、肺炎，經年累月纏身，甚至多次住院治療。十年前經朋友介紹食用健康食品，直銷公司經常舉辦營養講座，也認真的聽講、筆記，但是魚池兩週的健康營完全顛覆了傳統的飲食觀念，食用昂貴健康食品的八年歲月也就此畫上句點。

一向總認為素食會營養不良、在外飲食不便、聚餐會造成困擾，所以堅決反對子女吃素，因而常與子女造成不愉快。參加魚池班第十二期至今，接受「新起點」洗禮兩年半，現在已逐漸發現「去除動物性蛋白質」的飲食並非我想像中的不良。身高160公分，平均體重44公斤，除懷孕時期外，體重從不超過46公斤的我，「瘦子」的雅號自讀書時期開始已跟隨我五十多年。多年來，數次拼命進食，想要增加一公斤的體重都難，沒想到持續兩年多的屏除肉食，如今竟意外的增加到標準體重50公斤！若素食會營養不良，怎麼反而有如此的改變呢！

憶起踏入魚池班時，有些人好奇的問我「你那麼瘦，還來減肥？」「不是。」「那你是為了要治療什麼病？」「沒有，我是純粹來度假的。」「那你不怕這裡的飲食會讓你更瘦？」「我不知道！」……。兩年半後的今天我體驗到了，「新起點」的健康「八大自然原則」不但沒有讓我再瘦下去，反而令我恢復到夢寐以求的標準身材，日後的體檢，醫生再也不會加註「體重不足」的評語。目前素食店隨處可見，在外飲食或餐敘時也沒造成很大困擾，青菜蔬果一樣吃得很開心，所以素食不便的顧慮也沒有了。太多的實例顯示出「新起點」在三、四天內使得糖尿病患者病情獲得改善，兩週內使糖尿病患者不必再使用藥物，每位學員體內的膽固醇與三酸甘油脂含量都大幅下降，

許多肥胖者順利減重、高血壓患者明顯改善。許多學員帶去魚池研習班的藥物、胰島素，在研習結業後都「留置」在研習班中「作紀念」，因為研習班隨行醫師在研習結束時的診斷結果幾乎都是「不必再使用藥物控制病情」。

誠如研習班內的話「良好的健康不是偶然就有的，健康的身體是用不變的生活規律與和諧的生活所建立起來的」、「疾病不是從來沒有起因的，錯誤的飲食、呼吸、休息、思想等習慣，為疾病奠定了基礎」，所以，「除非用規律的生活來調適，否則期待從疾病中得到真正復原是白費的」，「新鮮的空氣、陽光，有節制的飲食，以及修養、適宜的食物、運動、水的運用、信靠神力-這都是真正的治療」。雖然目前尚無法完全貫徹新起點的八大自然原則，但是約莫八成的實踐結果，讓我出乎意料之外的「增胖」，著實令人費解。我想可能是這一套崇尚自然、反璞歸真的生活方式與飲食方法，讓現代「文明人」的身體狀態經過一番調整，回歸為「自然人」的結果吧！

與其如一般人口耳相傳的說這是一套有效的「疾病的天然治療方法」，還不如說這是一套「健康的自然生活方式」。雖然現在尚未信靠上帝，回首來時路，除了以感恩的心感謝創造主的恩賜，也在心中感謝「新起點」的所有工作人員，以及令人拾回健康的「八大自然原則」，讓我生活得更健康！更有尊嚴！

（編者按：本文作者為「新起點健康生活計畫」第十二期（88.08.15）學員。作者任職國小教師四十餘年退休，現為台北市政府社會局中山區老人中心義工、台北大學舞蹈隊指導老師）

林玉葉

NEWSTART
目錄 CONTENTS
LIGHT YOUR HEALTH

新食煮意菜～早餐篇 Breakfast

新食煮意菜～午餐篇 Lunch

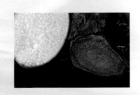

高纖維 · 無提煉油 · 無精製糖 · 無蛋 · 無奶 · 零膽固醇健康食譜

新食煮意菜～湯品篇 Soups

新食煮意菜～其它篇 Others

高纖維・無提煉油・無精製糖・無蛋・無奶・零膽固醇健康食譜

新食煮意菜～自製調味料・ 醬汁篇 Sauces & Dressings

「新起點」飲食觀 ◎臺安醫院營養課

1978年在美國有一群相同宗教信仰的人（基督復臨安息日會），
其中包含有醫生、護士、及營養師等，
他們熱衷於健康促進並教導民眾「如何預防及治療慢性退化性疾病」，
發現只要實行正確及自然的生活方式，不僅能預防疾病發生，
更能改善多種慢性疾病。至今，全美已有二十幾家
遵行「八大自然原則」之健康中心，累積二十多年的活動結果，
已證明建立一個良好的生活方式及飲食習慣後，
有三分之一的糖尿病患者，病情可獲得改善，
且能降低百分之十五至二十之膽固醇及三酸甘油脂含量，
另外，對於肥胖症、高血壓、癌症等也都有明顯的改善。

「新起點」取自八大原則

新起點（NEWSTART）健康生活計畫，主要來自八項健康觀念，取其英文字的第一個字母而成，包括：NUTRITION（營養）、EXERCISE（運動）、WATER（水）、SUNSHINE（陽光）、TEMPERANCE（節制）、AIR（空氣）、REST（休息）、TRUST（心靈依靠）。

人的健康狀況，常受到很多因素的影響，例如：1.遺傳 2.肥胖 3.飲食 4.運動 5.壓力（工作或心理上）6.外在的環境 7.生活起居習慣等。雖然影響健康的因素很多，而其中的飲食及生活型態卻與健康息息相關。就國內30年來威脅身體的健康，因生活型態及飲食習慣的改變，已經由過去的傳染疾病轉變成現今的慢性疾病，如：癌症、中風、心血管疾病、糖尿病、痛風、肥胖、高血壓、過敏等。根據行政院衛生署在95年統計國內十大死因，排名依序為：惡性腫瘤、腦血管疾病、心臟疾病、糖尿病、事故傷害、肺炎、慢性肝病及肝硬化、腎炎及腎病變、自殺、高血壓，其中至少有5項慢性病與飲食有關。基督復臨安息日會臺安醫院，有鑑於此，不僅作疾病的治療，更重視疾病發生前的預防。因此，在1997年始成立「新起點健康

發展」部門（1978，在美國成立），藉由本會在美國成立的二十幾家「八大自然原則」之健康中心活動的理念及經驗，在本院實施並推廣的「新起點健康生活計畫」活動中，以無肉、無蛋、無奶、無提煉油、低糖、高纖、零膽固醇的飲食，配合其他的自然生活原則，幫助人們建立良好的飲食習慣及生活型態。經由國外及本院多年累積的活動結果，已證明建立一個良好的生活方式及飲食習慣後，可幫助預防癌症，強化身體的免疫系統、反轉糖尿病、降低心血管疾病的風險，此外，對於肥胖症、高血壓、骨鬆、過敏等也都有明顯的改善。

早在1877年，基督復臨安息日會的宗教家懷愛倫師母就曾寫了一本「飲食論」，乃遵循聖經中上帝的話（創世紀1：29）：「看哪!我將遍地上一切結種子的蔬菜，和一切樹上所結有核的果子，全賜給你們作食物。」，基於道德、靈性、及保健的因素，極力提倡素食。但長久以來，人們一直忽略上帝這美好的安排。直到近幾十年來，西方國家的人民由於攝取過多的動物脂肪及蛋白質，而罹患糖尿病、心血管疾病、癌症、高血壓、肥胖症、氣喘、過敏等慢性疾病，日

益增多。在1992年，美國農業部亦公布「金字塔飲食指南」，鼓勵人們應以植物性食物作基礎，多選用五穀根莖類、蔬菜、水果、豆類及核果類，而減少肉類、油脂及糖分的攝取。經過這些年來的努力及宣導，美國人罹患心血管疾病雖仍排列在十大死因之首，但總人數有顯著下降，而平均壽命卻有增加的趨勢。

許多的科學研究也證實了肉類、魚類、家禽，並非最好的食物；這些食物常含一種或多種有害的物質：飽和脂肪酸、膽固醇、致癌物、細菌及病毒。一些精製的食物，如：白米、白麵粉、糖、鹽等，也都引發許許多多健康的問題。其實各式各樣天然的蔬菜、水果、全穀類、豆類、核果及種子類，足足可供應我們身體所需的營養。

很多人並不了解植物性食物對人體健康的益處。事實上，自1950年始，經過許多科學家陸續不斷的參與素食研究，結果證實素食好處多多。

素食的益處：

一、調節酸鹼的平衡：

素食中大部分的蔬果屬鹼性物質，能中和蛋白質、脂肪及醣類被分解後產生的酸性物質，有助調節血液呈正常的微鹼性，提升身體的免疫力。

二、預防心血管疾病：

由於肉食中含有膽固醇及大量的飽和脂肪酸，易引起動脈硬化造成的高血壓、心臟病。素食可減少膽固醇及飽和脂肪酸的攝取，有強健、保護心臟及血管的效果。

三、有助體重控制：

素食中的食物大都熱量較低、且含有豐富的纖維質、消化時間較久，易產生飽足感，可減少熱量的攝取，有助體重的控制。

四、避免肉汁的廢物、動物疾病：

當動物被殺死的時後，生理機能全部停頓，體內的廢物尚未排出，仍留在體內。此外，一些細菌（如：結核病、腸道感染的疾病等）、病毒（如：狂牛症、口蹄疫、禽流感等）、及抗生素、荷爾蒙、農藥，亦大都是經由動物傳遞，而危害人體的健康。

五、降低癌症的罹患率：

素食中含有豐富的纖維質，能促進腸道蠕動，縮短致癌物質在腸道停留的時間。同時素食中含脂肪較低，可減少因高脂肪，高膽固醇刺激體內產生荷爾蒙的不平衡，因此可降低某些癌症的罹患。

六、含豐富的植物性化合物（Phytochemicals）有助防癌：

近幾年來，有更多新的研究報告發現：植物來源的食物可提供各種豐富的植物性化合物（Phytochemicals）、這些物質，不是營養素，但在人體內卻扮演重要的角色，有很強的抗氧化作用、可助防癌。不同的蔬果在人體不同的器官具有不同的防癌功效：十字花科蔬菜，如：綠花菜、白花菜、高麗菜等，可有效預防結腸癌。經常食用洋蔥或大蒜，有助降低胃癌及結腸癌50-60%的發生率。蕃茄中含豐富的茄紅素（Lycopene），可減低攝護腺癌的罹患。又如大豆內含有豐富的異黃酮素（Isoflavones），具有植物性荷爾蒙的天然療效，常食用，除可降低乳癌的罹患，還有助增強骨質，減輕婦女更年期的一些症狀。

素食，營養夠嗎？

常有些人擔心吃素是否營養足夠？某些營養素，如：蛋白質、鈣質、鐵質等是否會有缺乏的問題？事實上，多樣性的廣泛選用食物、吃的正確、應可獲得均衡的營養。

一、足可提供身體所需的蛋白質

身體內除了水分外，最大的成份就是蛋白質，為構成細胞的主要物質，有維持生長、發育，修補細胞、組織、合成荷爾蒙、酵素及抗體等功用。人體內的蛋白質是由22種氨基酸所組成，其中有8種稱之為「必需氨基酸」，必須由食物中提供，其他的氨基酸可以由身體自行合成。植物來源的食物中常缺少其中一種或兩種「必需氨基酸」，如：穀類中缺乏一種離氨酸（Lysine），而豆類則缺少另一種甲硫氨酸（Methionine），但每天從五穀根莖類、豆類、核果類、或種子類中選用食物，就可達到「互補作用」，提升蛋白質的利用率。

二、均衡的素食，亦可獲得身體所需的鈣質

一般人都認為牛奶及奶製品、小魚乾等為豐富鈣質的來源，其實許多植物性的食物，如：深綠色蔬菜、豆類、豆腐、芝麻、髮菜等，亦含有豐富的鈣質。只要素食吃的均衡，亦可獲得身體所需的鈣質。
一些研究報告顯示，如：美國、瑞典、芬蘭、英國等先進的國家都是消費奶類、及蛋白質最多的國家；尤其是動物性的蛋白質，其中含的甲硫氨酸（Methionine），在代謝後，易與鈣質結合成硫化物，隨著尿液流失，這可能是造成骨質疏鬆症罹患率偏高的原因之一。反之，素食者，即使純素食，罹患骨鬆症的比例卻較低。

三、素食中有些食物含有豐富的鐵質，可提供人體所需

雖然動物來源含鐵質豐富的食物，在體內吸收、利用效果較好，但植物性食物，如：乾果類（葡萄乾、紅棗、加州梅）、全穀類、核果、種子類、及深綠

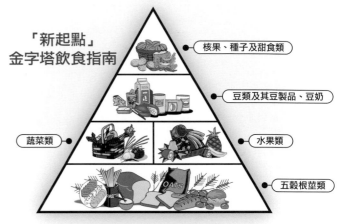

「新起點」
金字塔飲食指南

核果、種子及甜食類
豆類及其豆製品、豆奶
蔬菜類
水果類
五穀根莖類

建議每日攝取三大營養素的熱量，占總熱量的百分比：
碳水化合物65~75％ ‧ 脂肪15~20％ ‧ 蛋白質10~12%
取自："Weimar Institute's NEWSTART Lifestyle Cookbook"

色蔬菜等亦含豐富的鐵質，只要與維生素C含量高的蔬果一起食用，亦可促進鐵質的吸收及利用。

「新起點」健康素食飲食原則：

一、維持理想體重

體重過重或過輕均會影響身體的健康。根據行政院衛生署91年公布我國成年人肥胖的定義：
「身體質量指數」BMI=22，理想體重＝身高（公尺）× 身高（公尺）×22，BMI：體重（公斤）÷身高^2（公尺）超過24者為「過重」；超過27者為「肥胖」。體重過重者罹患糖尿病、高血壓、心血管疾病、及某些癌症等慢性疾病的機率偏高。當然體重過輕易使身體的抵抗力降低，免疫力變差，容易感染疾病。因此，良好的飲食習慣及適當的運動是維持理想體重最佳的方法。

二、均衡攝取各類食物

沒有一種食物含有人體需要的所有營養素，因此，我們身體的健康，必須依靠各種不同食物所提供的各種營養素來維持。每天應從五大類食物：1.五穀根莖類2.蔬菜類 3.水果類 4.豆類及其未含添加物的豆製品 5.核果、種子類來攝取。且每類食物應多作變化，以達均衡的營養（參看表一）。

LIGHT YOUR HEALTH

表一　常用的素食材料營養成分表

食物 / 營養成分		熱量	碳水化合物	蛋白質	脂肪	膳食纖維	維生素						礦物質	
							維生素C	維生素B1	維生素B2	菸鹼酸	維生素A	維生素E	鈣	鐵質
主食類	白飯、白麵條	+++	+++	+	—	—	—	—	—	—	—	—	—	—
	全穀類（胚芽米、全麥麵包）等	+++	+++	++	—	++	—	+	+	+	—	+	—	+
	根莖類（馬鈴薯、芋頭）	+++	+++	—	—	++	+	—	—	—	—	○	—	—
豆豆製類品及其	豆腐、豆漿	+	—	+	—	—	—	—	+	—	—	—	++	+
	豆類	+++	++	++++	++	++++	—	—	+	—	—	—	+++	++
	豆製品	++	—	+++	+	+	—	—	—	—	—	—	+++	++
水果	柑橘類、芭樂、奇異果	+	+	—	—	++	++++	—	—	—	+	○	++	
	木瓜、哈蜜瓜、芒果	+	+	—	—	+	+++	—	+	—	+++	○	+	
	梨子、葡萄、蘋果、櫻桃及其他水果	+	+	—	—	+	+	—	—	—	+	○	+	
蔬菜類	深色蔬菜	+	—	—	—	++	+++	—	—	—	+++	○	++	+
	淺色蔬菜	—	—	—	—	++	+	—	—	—	+	○	+	
	蒟蒻	—	—	—	—	++	—	—	○	○	—	○	+++	
藻類	髮菜、紫菜	—	++	+++	—	++++	○	—	—	+	+	—	++++	++++
	海帶	—	—	—	—	++	○	—	—	—	+	○	++	
油脂類	提煉油	++++	○	○	++++	○	○	○	○	○	—	+++	○	○
	核果類、種子類	++++	○	++	+++	++	—	—	—	—	—	++	++	+++

※ 以100公克食物內含的營養素分為：++++ 非常豐富　+++ 豐富　++ 中等　+ 少量　— 微量　○沒有
※ 乾果（如：椰棗、葡萄乾、加州梅、楊桃乾、杏桃乾等）含豐富的鐵質及膳食纖維。
◎ 全穀類：富含纖維質，能預防及改善便祕。且比白米、白麵含更多的維生素及礦物質。
◎ 乾豆類及其豆製品：除含豐富的蛋白質，且含纖維質、鈣質、鐵質等，但不含膽固醇，有助降低心血管疾病的發生。
◎ 蔬果類：富含纖維質、維生素及礦物質等，有助降低癌症的罹患，及對抗生活壓力所造成的症狀。
◎ 藻類：富含婦女所較缺乏的鈣質、鐵質。
◎ 油脂類：其中核果及種子類的脂肪以「順式」的單元不飽和脂肪酸及多元不飽和脂肪酸為主，且蛋白質、鈣質、鐵質、微量元素等均較提煉精製的油脂含量多。對健康而言，應多選用核果或種子類替代提煉精製的油脂。

三、不吃動物性的食品：
肉、魚、海鮮、家禽、蛋、奶及奶製品

◎人類是否適合肉食？

草 食 動 物	肉 食 動 物
1. 牙齒是平的	1. 尖銳（可將肉撕開）
2. 手是便於攝取食物	2. 爪子用來獵取動物
3. 腸子24-26呎長（充足的時間消化植物中的營養素）	3. 腸子短約6呎長（肉類在腸道未腐敗前，迅速將其消化）
4. 唾液含澱粉酶主要目的是消化複合碳水化合物	4. 唾液不含澱粉酶
5. 胃酸：為消化蛋白質	5. 胃酸：含量為草食動物的10倍用來消化動物蛋白質

從上述草食與肉食動物生理結構的比較，顯示人類應屬草食動物，適合吃植物性的食物。

◎食肉安全嗎？

經由科學證實，動物來源的食物，如：肉類、魚類、海鮮類、家禽類、蛋、奶類等，並非最好的食物，這些食物包含一種或多種物質：飽和脂肪酸、膽固醇、致癌物、病毒（狂牛症，口蹄疫，禽流感等）、及體內累積濃縮的抗生素、荷爾蒙、農藥等，引發許許多多健康的問題。其實選用各種豆類、豆莢類，如：黃豆、雪蓮子豆、花豆、黑豆、紅豆、綠豆、芽菜等，足可提供我們身體所需的蛋白質。

四、多選用五穀根莖類的食物以替代精製的穀類

全穀類，如：全麥麵粉是由整粒麥子直接研磨而成的，包括胚乳、胚芽及麩皮，呈淡褐色。而精製白麵粉是整粒麥子在研磨麵粉的過程中打掉胚芽、麩皮，僅剩胚乳部份，呈白色。雖然糙米、全麥麵粉含的醣類（碳水化合物）較精製的白米、白麵粉略少，但所含其他的營養素，如：維生素B群（B1、B2、菸鹼酸）、維生素E、纖維質，及礦物質（鈣、鐵、磷、鉀、鈉等），卻很豐富，比白米、白麵粉高出很多，這些營養素大都集中在胚芽及麩皮部分，在人體內參與重要生理調節的功能。此外，在麩皮及胚芽內還含有多種活性的植物性化合物，這種物質不是營養素，但在人體內具有抗氧化的功用，可預防癌症。

五、多選用天然、未經加工植物來源的油脂，不使用任何提煉精製油

直接從天然，未經加工的食物，如：橄欖、黃豆、核果、種子、及五穀類中，不僅可提供我們人體所需的油脂，還可獲得許多其他的營養素，以黃豆為例：除含黃豆油外，還含蛋白質、卵磷脂、維生素E、纖維質及各種植物性化合物。此外，直接吃天然植物來源的油脂，可減少產生氧化的機會及自由基的毒素，減低致癌的機率，血管的病變，及避免許多其他慢性疾病的產生。

反之，食用提煉精製油，僅提供油脂及少許一些營養素，且易導致心血管的疾病，還可引起高血壓、免疫系統、關節、內分泌、神經系統、新陳代謝等嚴重的問題。此外，提煉油經過高溫，或遇到空氣，會氧化產生自由基之毒物，易使細胞老化或致癌。

六、多選用蔬菜、水果、全穀類、豆類、核果及種子類的食物

1. 所有穀類，如：糙米、大麥、小麥、燕麥、小米等。每天至少吃兩種穀類搭配一或兩種豆類，可提升體內所需蛋白質的質與量。

2. 食用各式各樣新鮮的蔬菜及水果，且每天至少含一份深綠色或深黃色的蔬菜，及含維生素C豐富的水果，如：柑橘類水果、奇異果、芭樂、蕃茄等。

3. 選擇優質的核果及種子類，如：杏仁豆、腰果、核桃、松子、芝麻、葵花子仁、南瓜子等。

七、減少鹽與鈉的攝取，且避免使用加工或醃製的食品：可採用檸檬、蔥、蒜、九層塔、芫荽或天然香料來調味。

八、每餐與每餐可多做變化，但在同一餐內的食物不要太複雜，例如：全穀類食物、豆類，搭配煮熟或生的蔬菜，再加上核果或種子類調製的醬料，就可達到營養的需求。

九、早、午餐要吃的豐富，晚餐要吃的簡單：

晚餐要吃的簡單：僅水果、穀類食物，少許核果醬料及一些濃湯即可，且須在就寢前2~3小時以前用餐，如此，才可使胃得到充分的休息。

十、細嚼慢嚥：每一口嚼30~40次，讓食物在咀嚼中充份地與唾液混合，可使營養素充份的消化及吸收。

十一、定時用餐：兩餐之間需相隔4~6小時，且儘量避免兩餐之間吃點心或零食，因為它們會影響上一餐食物的消化及下一餐的食慾。

十二、攝取足夠的水份：但不要在用餐時，或用餐後食用含水份過多的食物，會稀釋胃液而影響消化。

十三、用餐時，先吃鹼性食物：生菜、蔬菜或水果，讓它占胃的容量60%，再吃飯、麵包、豆類。因胃的容量有一定的限度，吃八分飽即可。水果與蔬菜以不同餐吃為佳。

十四、維生素B12的補充：可從添加維生素B群（包括維生素B12）的穀物食品、維生素B12的豆奶、及啤酒酵母或健素中獲得，或者按照醫師指示服用維生素B12的補充劑。

烹調原則

1. 烹調時，儘量簡單兼具原味，可採用檸檬、蔥、蒜、九層塔、芫荽或天然香料等溫和食材來調味，增加可口性。避免選用精製加工的食物及刺激性的調味料。

2. 烹調時間勿太長，以免養份流失，能生吃則生吃。

3. 過度的清洗、剝皮會損失食物中的礦物質、維生素、及微量元素等，料理時，最好用少量的水烹煮。

4. 烹調的方式，可選用不沾鍋煎或蒸、烤、燉、煮等來保持食物的原味。

七天菜單範例

星期	早餐	午餐	晚餐
1	★炒豆腐 ★糙米地瓜粥 ★當季水果2種 ★杏仁豆(約5~8粒)	★糙米飯 ★香菇素排 ★咖哩蔬菜 ★芝麻芥藍菜 ★綜合生菜沙拉(搭配食譜的沙拉醬)	★玉米蔬菜濃湯 ★全麥麵包+洋蔥蜂蜜杏仁醬 ★當季水果2種
2	★燕麥片粥 ★當季水果2種 ★豆奶或核果飲料	★雜糧飯 ★雪蓮子豆燒芋頭 ★杏仁四季豆 ★燙青菜1~2種 ★綜合生菜沙拉(搭配食譜的沙拉醬)	★豆腐海帶芽濃湯 ★什錦全麥麵條 ★烤地瓜 ★當季水果2種
3	★全麥麵包+杏仁醬 ★當季水果2種 ★豆奶	★糙米飯 ★香菇豆皮卷 ★開胃小菜 ★燙青菜1~2種 ★綜合生菜沙拉(搭配食譜的沙拉醬)	★青豆洋菇濃湯 ★陽光三明治 ★煮玉米條 ★當季水果2種
4	★地瓜、小米、糙米粥 ★炒豆腐 ★腰果(約5~8粒)	★三色炒飯 ★翠玉黃帝豆 ★什錦豆包 ★涼拌海帶絲 ★燙青菜1~2種 ★綜合生菜沙拉(搭配食譜的沙拉醬)	★玉米蔬菜濃湯 ★起士通心麵 ★烤南瓜 ★當季水果2種
5	★燕麥鬆餅+蘋果醬或椰棗醬 ★當季水果2種 ★豆奶或核果飲料	★潤餅 ★豆子沙拉 ★腰果綠花菜 ★燙青菜1種 ★綜合生菜沙拉(搭配食譜的沙拉醬)	★芋頭濃湯 ★烤玉米羹 ★雜糧麵包(配洋蔥蜂蜜杏仁醬) ★當季水果2種
6	★五穀酥 ★全麥麵包配杏仁醬 ★當季水果2種 ★豆奶	★雜糧飯 ★香菇素排 ★什錦茭白筍 ★蒜末地瓜葉 ★綜合生菜沙拉(搭配食譜的沙拉醬)	★豆腐蕃茄湯 ★全麥水餃 ★當季水果2種
7	★小米、糙米粥 ★煮花豆 ★雜糧饅頭配芝麻醬 ★當季水果2種	★什錦全麥炒麵 ★海苔豆腐卷 ★什錦甜豆 ★燴芥菜心 ★綜合生菜沙拉(搭配食譜的沙拉醬)	★南瓜濃湯 ★素漢堡 ★當季水果2種

─工欲善其事 · 必先利其器

常用天然溫和香料介紹

匈牙利紅椒粉	蒔蘿草	鬱金香粉	香蒜粉
啤酒酵母片	義大利香料	洋香菜	胡蘿巴
百里香	甜羅勒	月桂葉	小茴香
紅椒粉	洋蔥粉	俄力岡香粉	大茴香

常用用具介紹

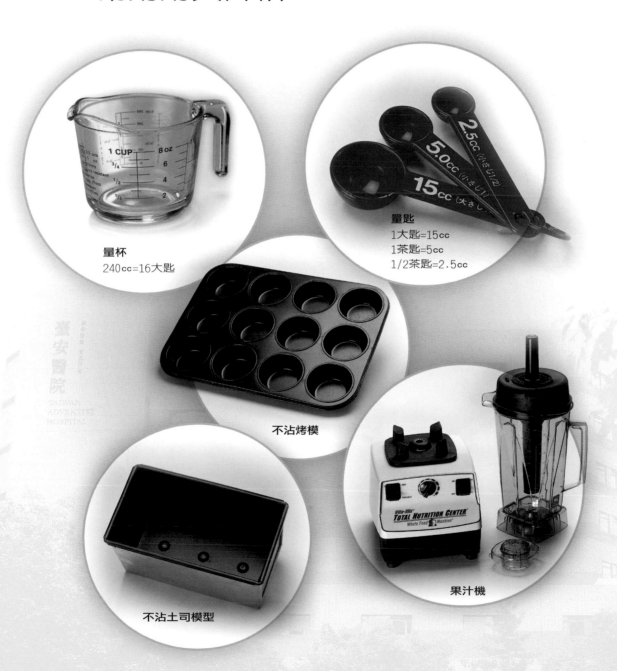

量杯
240cc=16大匙

量匙
1大匙=15cc
1茶匙=5cc
1/2茶匙=2.5cc

不沾烤模

不沾土司模型

果汁機

新食創意菜
早餐篇 Breakfast

早晨是一天活力的開始，

經過一夜的睡眠，起床時，

血糖是在偏低的狀態，如果不吃早餐，

體內將無法有足夠的血糖供應腦細胞及肌肉的活動。

身體容易感到疲勞，注意力難以集中，

工作及學習能力也隨之降低。

因此，建議您不要忽視早餐，不妨早睡早起，

準備一份豐富的「新起點」早餐：

1~2種穀類、2種水果、少許的果醬或核果、

再搭配1杯（240cc）豆奶，提供您所需的營養。

五穀酥	Granola
馬鈴薯煎餅	Oven Hash Browns
炒豆腐	Stir-Fried Tofu
燕麥鬆餅	Oat Waffles
椰棗醬	Date Spread
蘋果醬	Apple Jam

LIGHT YOUR HEALTH!

Granola
五穀酥

營養師小叮嚀

五穀酥的製作，除使用上述材料外，亦可添加或替換其它材料，如：大麥片、芝麻、核桃、松子、水果乾等，依自己喜好多作變化。

認識食材：

五穀酥中的燕麥片，除含有豐富的澱粉、維生素B群、鐵質等營養素外，還含有水溶性的纖維質，與杏仁豆、葵花子仁所含的不飽和脂肪酸及多種鋅、鎂、釩等微量元素，均有助降低血膽固醇，預防心血管疾病。

做法

1. 將 Ⓐ 組中所有材料混合，放入較大容器內，備用。

2. 將 Ⓑ 組材料放入果汁機中打勻後，與(1)項中的混合物一起拌勻，倒入不沾烤盤內，放入烤箱（預熱93℃）烤約90分鐘（烤的期間，約每20分鐘翻動一次），烤乾至金黃色即可。

材料

Ⓐ
- 燕麥片 4杯
- 杏仁豆（切碎）....... 1/3杯
- 葵瓜子仁 1/3杯

Ⓑ
- 椰棗（去籽）.......... 2/3杯
- 香蕉（熟軟）......... 2根
- 水 1/4杯
- 鹽 1/2茶匙

營養成分分析 供應份數: 約 20人份（1/3杯）

營養成分	熱量3126大卡	熱量比例
醣類（克）	474	61%
蛋白質（克）	87	11%
脂肪（克）	98	28%
鈉（毫克）	2045	
鈣（毫克）	428	
膳食纖維（克）	31.6	

LIGHT YOUR HEALTH

健康指引

五穀酥，是由多種的全穀、核果、種子及乾果類組合而成，營養價值高，可搭配豆奶當作早餐或點心食用。

Oven Hash Browns
馬鈴薯煎餅

營養師小叮嚀

馬鈴薯煎餅，一次可多量製備，兩面煎成微黃、待涼後，分裝放入冷凍庫儲存，食用時、取出解凍，放入烤箱或用平底鍋煎熟即可。

材料

馬鈴薯（中）	4個
鹽	1/2茶匙
自製蕃茄醬	3/4杯

做法

1. 馬鈴薯不去皮，用絲瓜布刷洗乾淨，放入蒸籠內蒸至半熟，取出待涼，備用。
2. 將馬鈴薯刨成細絲，加入少許鹽拌勻，一次取約3大平匙的量作成薯餅狀，依序排在烤盤上，放入烤箱（預熱170℃）烤成金黃色即可。亦可用不沾平底鍋將兩面煎成金黃色，可沾自製蕃茄醬或單獨趁熱食用。

營養成分分析（供應份數：12塊）

營養成分	熱量727大卡	熱量比例
醣類（克）	152	84%
蛋白質（克）	23.6	13%
脂肪（克）	2.8	3%
鈉（毫克）	3150	
鈣（毫克）	57.9	
膳食纖維（克）	13.5	

健康指引

◎料理馬鈴薯時，最好將皮保留，連皮一起吃，可增加纖維質及其它營養素的攝取。

◎馬鈴薯煎餅屬澱粉類，1個煎餅約含60大卡熱量，糖尿病或減重者，在其飲食計畫中，可替換1份主食。

Stir-Fried Tofu

炒豆腐

營養師小叮嚀

此道菜，應選用含水分較少的傳統豆腐來製作，炒出來的成品，鬆軟可口，很適合老年人或小孩食用。

材料

老豆腐	1¹/₂杯
紫菜（碎片）	1/2杯
蔥花	1/2杯
天然無發酵醬油	1大匙
鹽	1/2茶匙
鬱金香粉	1/4茶匙

做法

1. 豆腐搗碎，包入紗布內，擠掉水分，備用。
2. 炒鍋加熱，放入豆腐、醬油及其他材料，用小火炒至湯汁收乾即可。

營養成分分析（供應份數:約5人份）

營養成分	熱量368大卡	熱量比例
醣類（克）	29.5	32%
蛋白質（克）	34.9	38%
脂肪（克）	12.3	30%
鈉（毫克）	1984	
鈣（毫克）	547	
膳食纖維（克）	4.1	

認識食材

1. 豆腐是黃豆製品，富含蛋白質、鈣質等營養素及植物性化合物的異黃酮素（Isoflavones）。常食用，有助降低膽固醇，預防血管硬化，強化骨質，及某些癌症的罹患。
2. 食材中的調味香料：鬱金香粉，具有活化酵素，促進細胞新陳代謝的功能。

健康指引

根據一些實驗結果顯示，100公克的黃豆約含150~200毫克的普林，但製成豆腐後，卻僅含100毫克以下，因此，有痛風的患者，適量食用豆腐，應不致引起尿酸過高。

Oat Waffles
燕麥鬆餅

營養師小叮嚀

製作燕麥鬆餅，除使用食譜中的食材外，還可加些蘋果、香蕉、草莓等，以添增水果的風味。

做法

1. 將 Ⓐ 組中五種材料混合，用果汁機打勻，倒入容器內，然後依序加入 Ⓑ 項的材料，拌勻成麵糊狀。

2. 將適量麵糊倒入預熱的鬆餅機、或模型內，放入烤箱（預熱溫度170℃）烤約15~20分鐘，或至兩面呈金黃色即可。

材料

Ⓐ
- 水 1杯
- 腰果 1/3杯
- 蜂蜜 2大匙
- 香草粉 1茶匙
- 鹽 1/4茶匙

Ⓑ
- 水 3杯
- 燕麥片 3杯
- 全麥麵粉 1/2杯

營養成分分析（供應份數: 約20個）

營養成分	熱量1439大卡	熱量比例
醣類（克）	239	66%
蛋白質（克）	43	12%
脂肪（克）	34.6	22%
鈉（毫克）	2010	
鈣（毫克）	113	
膳食纖維（克）	15.9	

LIGHT YOUR HEALTH

健康指引

◎ 燕麥鬆餅，較市面一般鬆餅所含的油脂及熱量均低、可作為早餐主食的來源，或兩餐的點心。

◎ 針對糖尿病患者，製作鬆餅時，可減少蜂蜜分量，且在其飲食計畫中，1個鬆餅相當約1份主食。

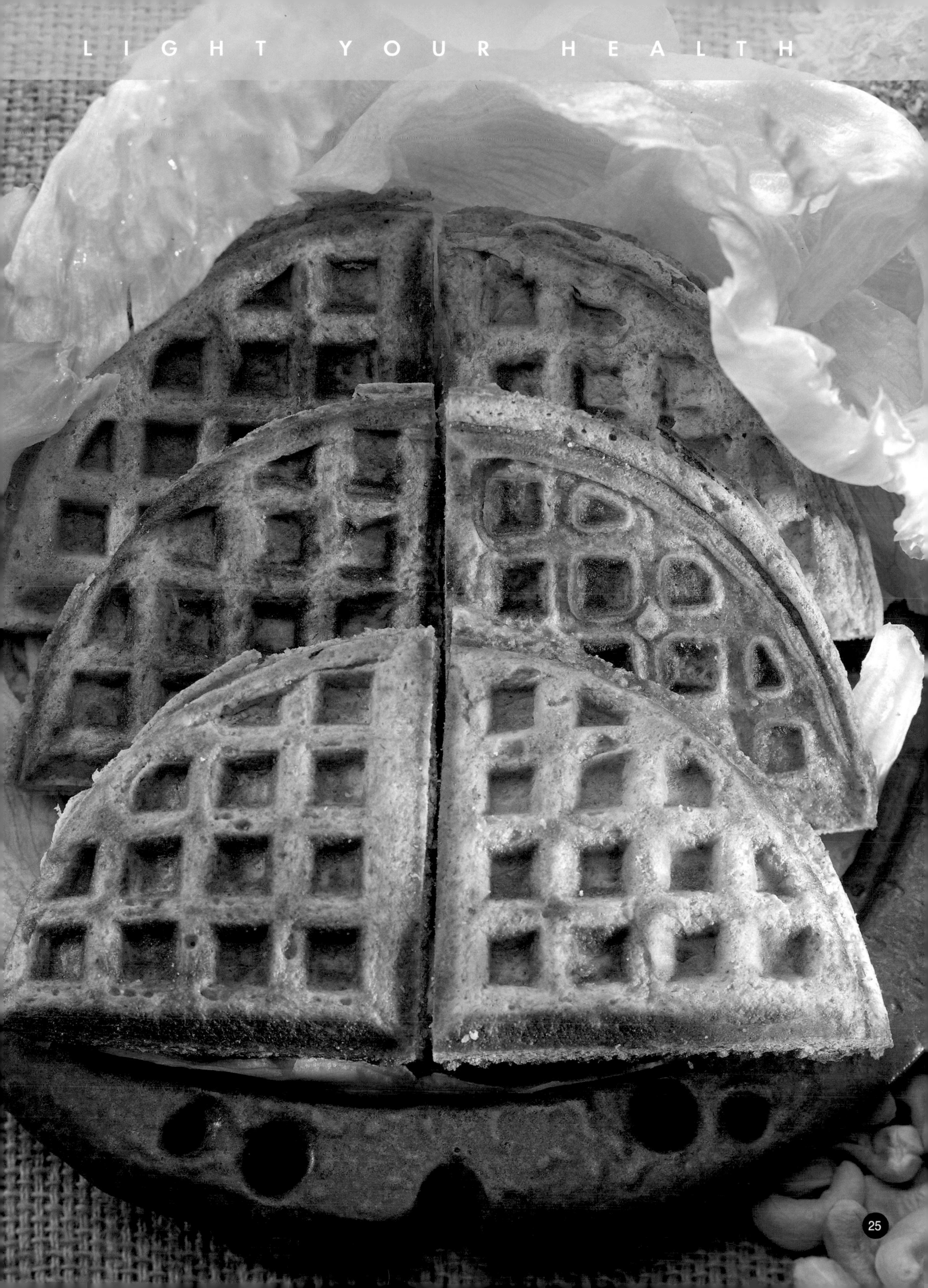

Date Spread
椰棗醬

營養師小叮嚀

製作椰棗醬的過程中，如用果汁機打的太稠時，除可加少許熱水調稀外，亦可改用檸檬汁替代水，可添增不同的風味，及促進鐵質的吸收。

材料

椰棗（去籽）.................... 3/4杯

（110克）

做法

1. 椰棗用少量熱水泡幾分鐘，使其軟化。
2. 用果汁機打成稠狀後（如果太稠，可加少許熱水），裝入容器，冷藏即可。
3. 此醬可搭配麵包、煎餅、鬆餅一起食用。

營養成分分析（供應份數: 約12大匙）

營養成分	熱量300大卡	熱量比例
醣類（克）	72	96％
蛋白質（克）	2.1	3％
脂肪（克）	0.5	1％
鈉（毫克）	3	
鈣（毫克）	36	
膳食纖維（克）	2.4	

認識食材
椰棗，含豐富的鉀、鎂、鐵等礦物質，亦含果糖，甜度高，可替代精製糖，作甜味劑。

健康指引
◎椰棗醬，1大匙約含25大卡熱量。糖尿病或體重控制者，在其飲食計畫中可替換1/2份水果。
◎針對腎臟疾病或限鉀飲食患者，宜酌量食用。

Apple Jam
蘋果醬

營養師小叮嚀

1. 新鮮蘋果去皮後，易產生褐變，先浸泡在鹽水或檸檬汁中一會兒，可抑制色澤的改變。
2. 除蘋果外，其它水果，如草莓、櫻桃、鳳梨等新鮮水果，亦可選用作果醬。

材料

新鮮蘋果（中）	2個
純蘋果汁	2杯
水	1/2杯
玉米粉	5大匙
新鮮檸檬汁	1大匙
椰棗（去籽）	5粒

做法

1. 新鮮蘋果洗淨，去心，切碎。
2. 將切碎的蘋果及其它所有材料放入果汁機內打成泥狀，倒入鍋內，用小火慢煮，不停攪拌至稠狀，待涼後，裝入密封容器，冷藏，需儘速食畢。

營養成分分析（供應份數: 約40大匙）

營養成分	熱量654大卡	熱量比例
醣類（克）	155	95%
蛋白質（克）	2.1	1%
脂肪（克）	2.8	4%
鈉（毫克）	81	
鈣（毫克）	88	
膳食纖維（克）	4	

認識食材

蘋果富含果糖、鉀、及膳食纖維中的果膠，有助健胃整腸、降低血壓的功效。

健康指引

此蘋果醬，1大匙約含20大卡熱量，僅為市面上一般果醬的1/2，針對糖尿病、或減重者，在其飲食計畫中可替換1/3份的水果。

新食創意菜
午餐篇 Lunch

早、午餐，要吃得豐富、營養均衡，才能供應一天活動所需。

建議午餐食用1~2種全穀類食物、3~5種蔬菜（能生食即生食，否則稍煮一下）

搭配醬料、適量的豆類或其豆製品。

用餐時，先吃鹼性食物：生菜、蔬菜，讓它佔胃的容量60%，再吃飯、麵包、豆類。

因胃的容量有一定的限度，吃八分飽即可，水果與蔬菜以不同餐吃為佳。

「新起點」飲食採用天然素材，

不使用提煉精製油及過多的調味料，烹調方式簡單，

不僅能保持食物的原味及營養，且可減輕體內的負擔。

雜糧飯	Assorted Grain Rice
腰果綠花菜	Broccoli with Cashew Sauce
芝麻芥蘭	Kale with Soy Sauce
什錦甜豆	Stir-Fried Pea Pods with Mushrooms
海苔豆腐卷	Tofu Seaweed Rolls
杏仁四季豆	String Beans with Almond Sauce
蘑菇馬鈴薯泥	Mashed Potatoes with Mushroom Sauce
桔汁高麗菜	Brussels Sprouts with Orange Sauce
紫米珍珠丸子	Black Rice Balls
烤玉米糕	Corn Casserole
金玉滿堂	Stir-Fried Ginkgo with Assorted Vegetables
瑞彩滿堂	Assorted Vegetable Plate
香菇豆皮卷	Stuffed Bean Curd Sheets
香菇素排	Bean Curd with Black Mushroom
生菜手卷	Seaweed Rolls
潤餅	Spring Rolls
燴芥菜心	Mustard Green with Sweet Pepper
涼拌大白菜	Chinese Cabbage Salad
翠玉皇帝豆	Stir-Fried Lima Beans with Spinach
涼拌海帶絲	Seaweed Cold Plate
起司通心粉	Macaroni & "Cheese"
蔬菜芙蓉	Pancake with Vegetables
雪蓮子豆燒芋頭	Stir-Fried Garbanzo with Taro
酪梨沙拉	Avocado Salad
豆子沙拉	Bean Salad
綜合蔬菜沙拉	Garden Salad
什錦沙拉	Vegetable Salad with Cashew Sauce
開胃小菜	Korean Style Salad

LIGHT YOUR HEALTH

Assorted Grain Rice
雜糧飯

營養師小叮嚀

1. 用電鍋蒸煮雜糧飯，開關跳上後，勿馬上掀蓋，外鍋可再加少許水，按下開關，等第二次開關跳上後，燜約5~10分鐘即可。
2. 可依個人喜好，選用其它全穀類、豆類，如：燕麥粒、蕎麥、黃豆、紅豆等替代食譜使用的食材。

做法

1. 將以上所有材料混合洗淨。
2. 加入適量的水浸泡約30分鐘後，將浸泡的水倒掉，再加水約2杯，放入電鍋，外鍋加水約1 1/2杯，蒸熟即可。

認識食材：

1. 糙米、紫米—均屬全穀類，富含澱粉、維生素B群、維生素E、鐵質、膳食纖維、植物性化合物等，營養價值較精製白米高。
2. 薏仁—屬全穀類，富含澱粉、維生素B群、膳食纖維、礦物質、及微量元素。有助補身、利尿、及解熱。
3. 米豆—俗稱黑眼豆，富含蛋白質，素食者可將其與穀類一起搭配烹煮，經由「互補作用」，可提昇蛋白質的利用率。

材料

大薏苡	1/2杯
紫米	1/2杯
米豆	1/2杯
糙米	1 1/2杯
水	約2杯

營養成分分析（供應份數：約 6 人份）

營養成分	1平碗 熱量222大卡	熱量比例
醣類（克）	44	80%
蛋白質（克）	7	12%
脂肪（克）	2	8%
鈉（毫克）	5	
鈣（毫克）	16	
膳食纖維（克）	4	

LIGHT YOUR HEALTH

健康指引

糖尿病患或體重控制者，可選用雜糧飯作為飲食計畫中主食的一部分，1平碗雜糧飯可替換約3份主食。

Broccoli with Cashew Sauce
腰果綠花菜

營養師小叮嚀

川燙綠花菜時，避免烹煮時間過長，否則會影響脆感及顏色。

做法

1. 將 Ⓐ 組中的綠花菜洗淨切成小朵，紅甜椒洗淨切小丁，分別在沸水中汆燙，撈出瀝乾水分，備用。

2. 將 Ⓑ 組中所有材料，放入果汁機打勻，倒入鍋內，用小火煮至稠狀，需不停攪拌，以免燒焦，作成腰果沙拉醬。

3. 將綠花菜排入盤中，上面淋(2)項中的腰果醬，及灑些紅甜椒丁即可(或將腰果醬與綠花菜拌勻，盛入盤中，上面灑些紅甜椒丁)。

認識食材

綠花菜屬於十字花科蔬菜，富含維生素C、β-胡蘿蔔素、葉酸、鈣、硒、纖維質等營養素，此外還含有吲哚(Indoles)等植物化合物。常食用，能維持免疫系統，預防中風和癌症的發生。

材料

Ⓐ	綠花菜（大）	1棵
	紅甜椒	1/2個
Ⓑ	生腰果	20克
	水	2/3杯
	洋蔥粉	1/2茶匙
	鹽	1/2茶匙
	太白粉	2大匙
	水	4大匙

營養成分分析（供應份數：約 4 人份）

營養成分	熱量300大卡	熱量比例
醣類（克）	38.4	51%
蛋白質（克）	13.6	18%
脂肪（克）	10.3	31%
鈉（毫克）	1581	
鈣（毫克）	149	
膳食纖維（克）	9.6	

健康指引

此道腰果綠花菜，所含油脂比例占31%，如要降低油脂的攝取量，不妨減少食材中腰果的分量。

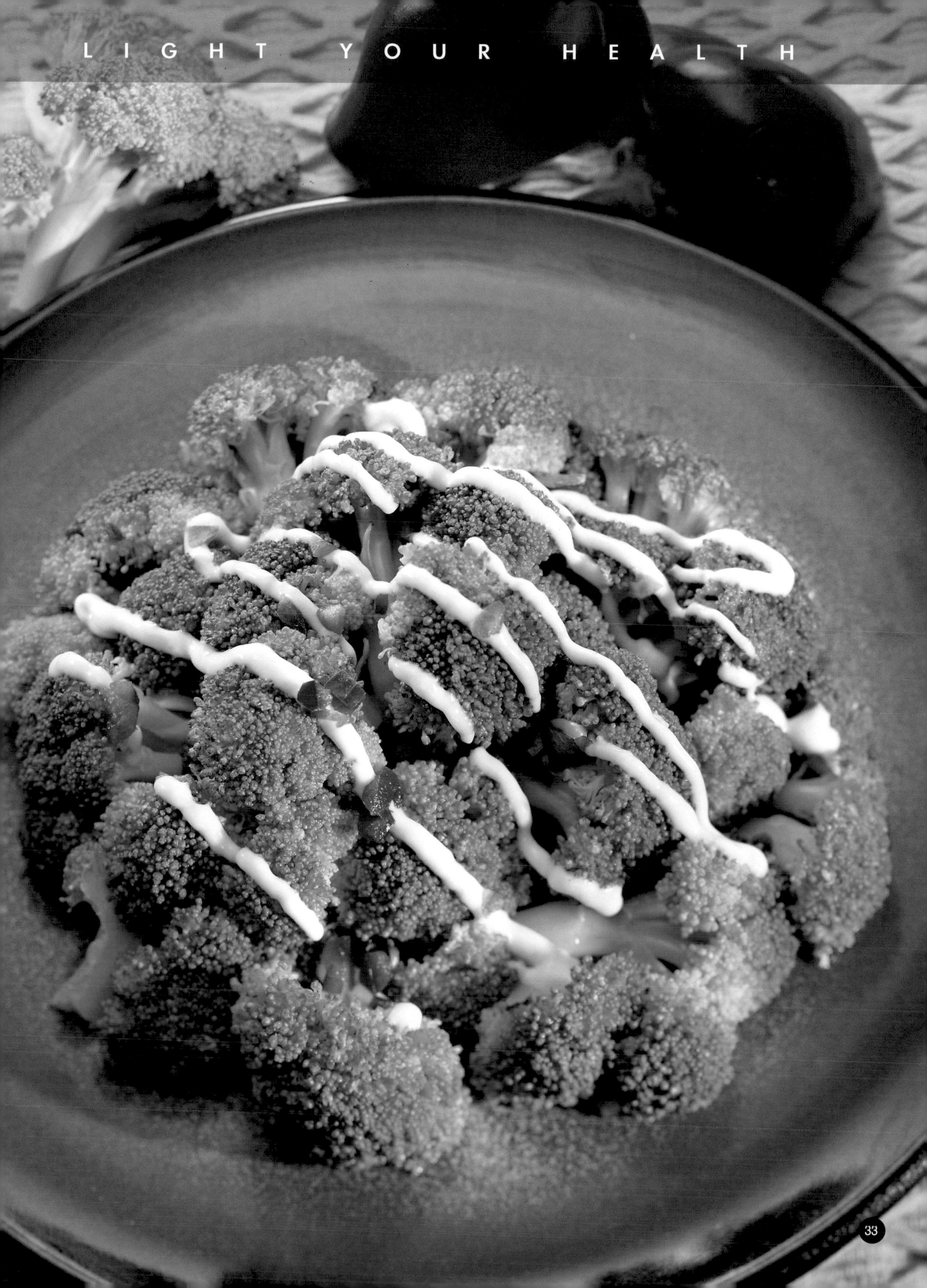

Kale with Soy Sauce
芝麻芥蘭

材料

Ⓐ
- 小芥蘭菜 600克
- 白芝麻（炒熟） 1大匙

Ⓑ
- 天然無發酵醬油 1大匙
- 鹽 1/2茶匙
- 蜂蜜 1茶匙
- 水 2大匙

Ⓒ
- 糯米粉 1大匙
- 水 2大匙

做法

1. 小芥藍菜洗淨，放入沸水中燙軟撈出，瀝乾水分，切段，排入盤中，備用。

2. 炒鍋內放入 Ⓑ 組中的醬油、鹽、蜂蜜及水2大匙，煮沸後，加入 Ⓒ 組中的糯米粉水，芶薄芡，淋在小芥藍菜上，最後撒上芝麻即可。

營養成分分析（供應份數: 約6人份）

營養成分	熱量840大卡	熱量比例
醣類（克）	38.4	52%
蛋白質（克）	17	23%
脂肪（克）	8	25%
鈉（毫克）	2323	
鈣（毫克）	1319	
膳食纖維（克）	11.4	

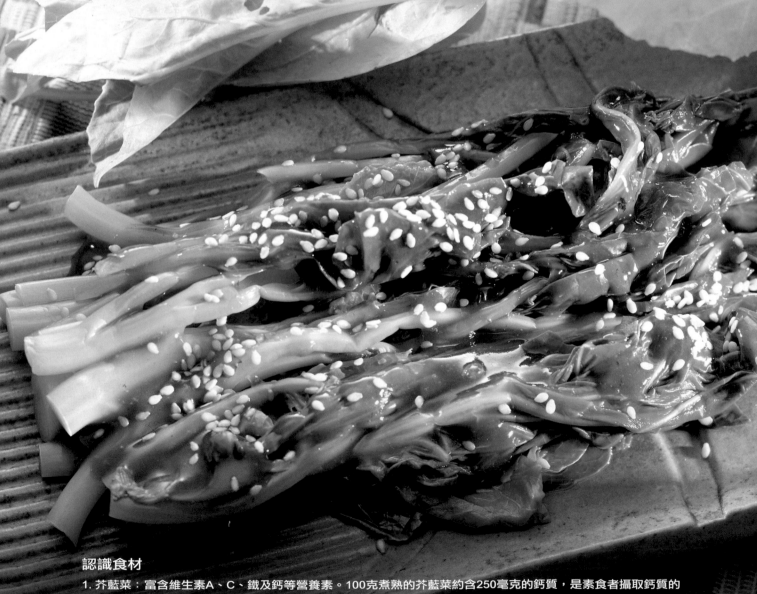

認識食材

1. 芥藍菜：富含維生素A、C、鐵及鈣等營養素。100克煮熟的芥藍菜約含250毫克的鈣質，是素食者攝取鈣質的良好來源。

2. 白芝麻：富含油脂、維生素B群、E，鐵及磷等礦物質，有益肝、補腎、養血的功效。

Stir-Fried Pea Pods with Mushrooms
什錦甜豆

材料

Ⓐ
- 甜豆 300克
- 涼薯 120克
- 胡蘿蔔（中）............ 1/2根
- 腰果 (烤過)................ 20克

Ⓑ
- 鹽 1/2茶匙
- 天然無發酵醬油 1茶匙
- 太白粉 1大匙
- 水 3大匙

做法

1. 先將 Ⓐ 組中的甜豆去頭尾及絲洗淨，涼薯去皮洗淨切片，胡蘿蔔去皮洗淨切片，烤過腰果切碎，備用。

2. 炒鍋內加水約2/3杯，煮沸後，依序放入胡蘿蔔、涼薯片、甜豆、鹽、及醬油調味料同炒，然後加入太白粉水苟薄芡，盛盤前灑上碎腰果即可。

營養成分分析（供應份數: 6人份）

營養成分	熱量1000大卡	熱量比例
醣類（克）	54.5	55%
蛋白質（克）	19.6	20%
脂肪（克）	11	25%
鈉（毫克）	1543	
鈣（毫克）	189	
膳食纖維（克）	14.4	

Tofu Seaweed Rolls

海苔豆腐卷

材料

- A
  - 荸薺 5粒
  - 洋蔥 3大匙
  - 韭黃 1/4杯
- B
  - 老豆腐 2杯
  - 麵粉 1/4杯
  - 鹽 1/2茶匙
- C
  - 海苔(切成16小條) ... 2張
  - 白芝麻(烤過) 3大匙

做法

1. 先將 A 組中的荸薺、洋蔥去皮洗淨切碎，韭黃洗淨切碎，備用。
2. 將 B 中的豆腐壓碎，加入麵粉、鹽、及(1)項的材料拌勻，作成豆腐泥，備用。
3. 拌好的豆腐泥分成16份，每份作成約5公分的長條，外層用海苔捲成條狀，兩邊沾上烤熟的芝麻，排列在烤盤內，放入烤箱（預熱溫度約170℃），烤約20分鐘即可。食用時，可沾自製蕃茄醬或醬油膏。

營養成分分析（供應份數: 16個）

營養成分	熱量492大卡	熱量比例
醣類（克）	52	42%
蛋白質（克）	33	27%
脂肪（克）	17	31%
鈉（毫克）	2126	
鈣（毫克）	454	
膳食纖維（克）	5	

String Beans with Almond Sauce

杏仁四季豆

材料

Ⓐ
- 杏仁醬 2大匙
- 檸檬汁 1大匙
- 蜂蜜 1大匙
- 洋蔥粉 1/2大匙
- 香蒜粉 1/2茶匙
- 鹽 1/2茶匙
- 水 1/2杯

Ⓑ
- 四季豆 600克
- 紅甜椒 1個

做法

1. 將 **Ⓐ** 組中所有材料用果汁機打勻，作成杏仁沙拉醬，備用。

2. 四季豆去頭尾及老絲，洗淨切段，紅甜椒洗淨切小丁。

3. 四季豆在沸水中燙過，撈出瀝乾水分，待涼，放入盤中，然後淋上杏仁沙拉醬，再撒上紅甜椒丁即可。

營養成分分析（供應份數: 8人份）

營養成分	熱量395大卡	熱量比例
醣類（克）	70.5	57%
蛋白質（克）	16.9	14%
脂肪（克）	15.8	29%
鈉（毫克）	1906	
鈣（毫克）	320	
膳食纖維（克）	17.4	

認識食材

1. 四季豆：又名敏豆或菜豆，含有醣類、蛋白質、鈣、磷、鐵、及維生素B1、B2、C等營養素，營養價值高，可增強免疫功能。 此外，其豆莢亦含多量纖維質，有促進腸道蠕動，減輕便祕的功效。

2. 甜椒：其顏色從深綠色到火紅色均有，不僅可增添料理的色彩、甜味，亦含有大量的維生素C和β-胡蘿蔔素，是營養價值很高的蔬菜。

Mashed Potatoes with Mushroom Sauce
蘑菇馬鈴薯泥

營養師小叮嚀

馬鈴薯，發芽部分含有茄鹼，如食用過多，易引起腹痛、頭暈、腹瀉等中毒症狀。在煮之前，應將發芽部分削去或棄之不用。

做法

1. 馬鈴薯去皮洗淨切塊，蒸熟後壓成泥狀，與豆奶和鹽拌勻，用冰淇淋杓舀成一球球排在盤中，備用。
2. 蘑菇洗淨切片，燙熟，巴西里洗淨切碎，備用。
3. 將 ⓒ 中的生腰果加水打成腰果奶，倒入鍋中，加入 ⓓ 中所有調味料和蘑菇煮成濃汁，淋在馬鈴薯泥上，撒上巴西里末即可。

認識食材

1. 馬鈴薯：富含澱粉、維生素C、維生素B群、鉀、及纖維質，能維持心血管、神經系統，及預防高血壓的功能。
2. 巴西里：又稱洋香菜，大部分的人認為這種植物只是用作菜餚的盤飾，其實它含有多量的維生素C、β-胡蘿蔔素，及植物性化合物(Phytochemicals)。這些營養素及植物化合物能強化免疫系統、預防癌症和心臟病。

材料

```
┌ 馬鈴薯（中）............ 4個
Ⓐ 豆奶 ........................ 1杯
└ 鹽 ........................... 1/2茶匙
┌ 新鮮洋菇 ................ 6朵
Ⓑ └ 巴西里(末).............. 2大匙
┌ 生腰果 .................... 1/2杯
Ⓒ └ 水 ........................... 2杯
┌ 調味料：
│   天然無發酵醬油 ...... 2大匙
│   太白粉 .................... 2茶匙
Ⓓ  洋蔥粉 .................... 2茶匙
│   鹽 ......................... 1/4茶匙
└   啤酒酵母粉(隨意).... 1大匙
```

營養成分分析（供應份數：約 6 人份）

營養成分	熱量1061大卡	熱量比例
醣類（克）	145.8	55%
蛋白質（克）	43.6	16%
脂肪（克）	33.7	9%
鈉（毫克）	1888	
鈣（毫克）	66.5	
膳食纖維（克）	14.1	

LIGHT YOUR HEALTH

健康指引

1/2碗馬鈴薯泥約含176大卡熱量，糖尿病患或減重者，在其飲食計畫中，可替換2份主食及1份油脂。

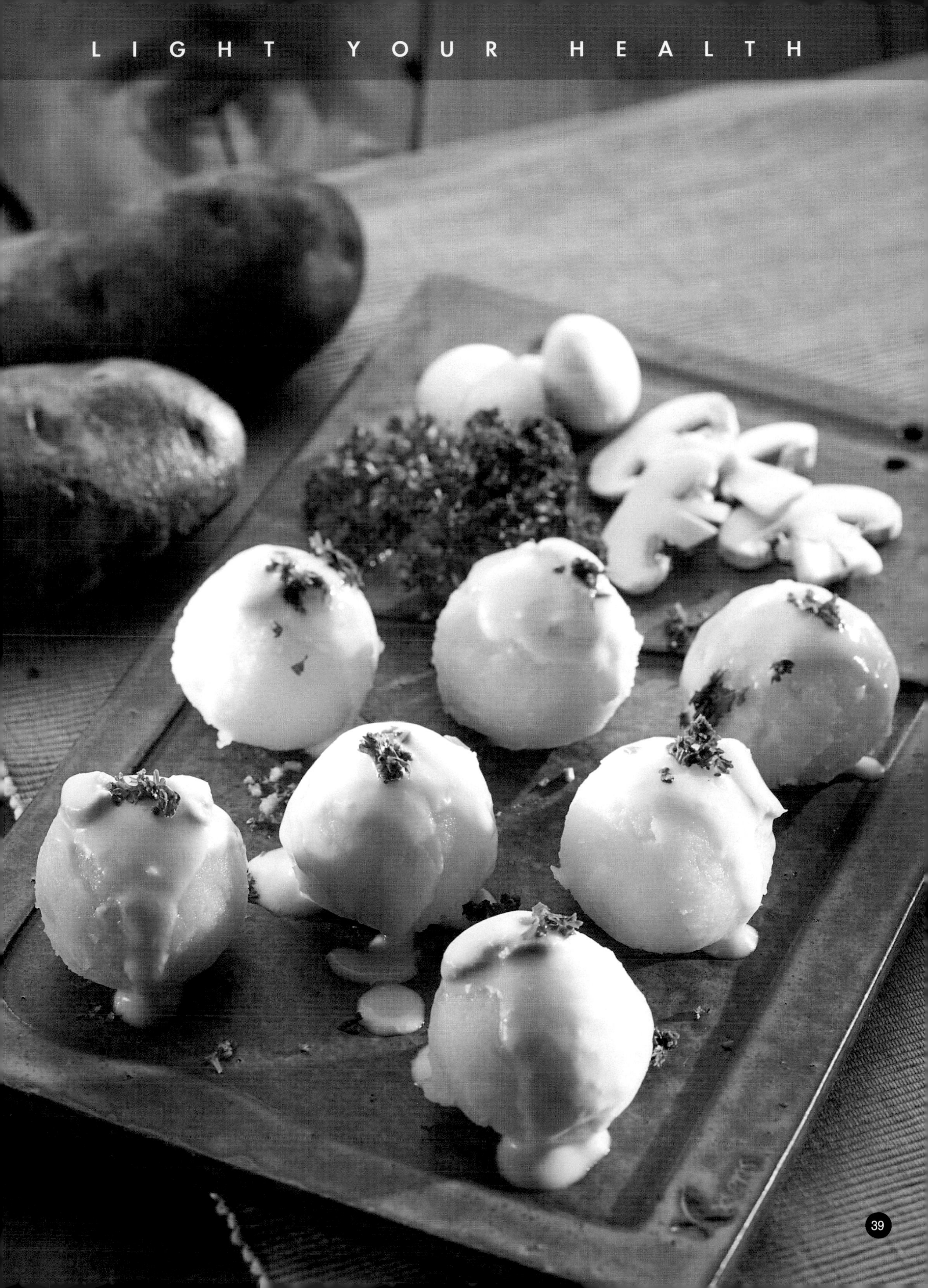

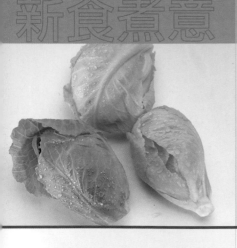

Brussels Sprouts with Orange Sauce
桔汁高麗菜芽

營養師小叮嚀

此道菜加了少許柳橙汁，可減少鹽的使用量，卻添增水果酸甜的風味。

做法

1. 高麗菜芽去掉外層老葉洗淨，每個切成四等分，胡蘿蔔去皮洗淨、切絲。將高麗菜芽及胡蘿蔔絲分別放入滾水中汆燙後，撈出，瀝乾水分，備用。
2. 炒鍋內加水約1/3杯，煮滾後，放入柳橙汁、鹽及 Ⓒ 組的太白粉水，然後放入高麗菜芽，胡蘿蔔絲拌勻，盛入盤中，灑上杏仁片即可。

認識食材

高麗菜芽，又稱「芽甘藍」，除含豐富的維生素C、β－胡蘿蔔素、葉酸、鉀及纖維質外，還和其他十字花科蔬菜一樣，含有許多抗癌化合物，如：吲哚(Indoles)化合物、蘿蔔硫素等，具有抗氧化的作用，能幫助預防癌症及冠狀動脈硬化的疾病。

材料

Ⓐ	高麗菜芽	300克
	胡蘿蔔	1/2根
	杏仁片（烤過）	1大匙
Ⓑ	水	1/3杯
	新鮮柳橙汁	1/2杯
	鹽	1/2茶匙
Ⓒ	太白粉	1½大匙
	水	3大匙

營養成分分析（供應份數: 約 4 人份）

營養成分	熱量311大卡	熱量比例
醣類（克）	50.8	65%
蛋白質（克）	8.6	11%
脂肪（克）	8.1	24%
鈉（毫克）	1504	
鈣（毫克）	249	
膳食纖維（克）	2.9	

L I G H T   Y O U R   H E A L T H

健康指引

常食用此道菜，不但可以預防便祕、痔瘡等消化道的問題，其所提供的「葉酸」更是對正常組織成長不可缺的營養素。因此，除能預防某些癌症及心臟病外，對於女性，尤其是懷孕或服用避孕藥物的婦女，建議多加攝取。

Black Rice Balls
紫米珍珠丸子

營養師小叮嚀

在製作過程中，注意要將水分擠乾和控制蒸的時間，否則丸子不易成型。

做法

1. 長糯米、紫糯米洗淨，浸泡約1小時後，瀝乾水分，拌勻備用。
2. 豆腐搗碎，包入紗布內，擠去水份，備用。
3. 將 Ⓑ 組中的材料放入食物調理機打碎後，倒入容器內，加入豆腐及 Ⓓ 組中的調味料，一起拌勻，揉成三公分左右的圓球，沾上糯米，排列在鋪有紗布的蒸盤，放入蒸籠內，大火蒸約20分鐘即可。

材料

Ⓐ
長糯米 1杯
紫糯米 1/2杯

Ⓑ
香菇末 1/4杯
荸薺 1/2杯
胡蘿蔔 1/3根
芹菜 1/2杯

Ⓒ 老豆腐 2杯

Ⓓ
天然無發酵醬油 2大匙
鹽 1茶匙
蜂蜜 1大匙
太白粉 2大匙

營養成分分析（供應份數: 約 20 粒）

營養成分	熱量1552大卡	熱量比例
醣類（克）	275	71%
蛋白質（克）	67.3	17%
脂肪（克）	20.4	12%
鈉（毫克）	2897	
鈣（毫克）	712	
膳食纖維（克）	13.6	

製作過程：

L I G H T   Y O U R   H E A L T H

健康指引

1粒丸子約含77大卡熱量，針對糖尿病或減重者，可依其飲食計畫、替換1份主食。

Corn Casserole
烤玉米糕

做法

1. 馬鈴薯削皮、洗淨切小丁，蕃茄洗淨切小丁，備用。
2. 將 **Ⓑ** 組中所有材料放入果汁機打成泥，倒入容器內，加入 **Ⓐ** 組中的馬鈴薯丁、蕃茄丁及麵包屑拌勻後，倒入不沾烤盤，放入烤箱（預熱180℃）烤約45分鐘，呈金黃色即可。

認識食材

1. 玉米：主要成分爲澱粉，但也含有蛋白質、脂肪、維生素A、E、鉀、及纖維質，且其中所含的油脂，一半以上來自亞麻油酸，有助降低膽固醇，預防高血壓。
2. 匈牙利紅椒粉：是西方料理中最常用的香料，其濃郁的香氣和鮮艷的紅色，可讓菜餚增色不少。

材料

Ⓐ	馬鈴薯（中）	2粒
	蕃茄	1個
	全麥麵包屑	1杯
Ⓑ	玉米粒	2杯
	洋蔥	1/2個
	洋蔥粉	1茶匙
	鹽	1茶匙
	腰果	1/3杯
	水	2杯
	匈牙利紅椒粉	1/4茶匙

營養成分分析（供應份數: 約 8 人份）

營養成分	熱量954大卡	熱量比例
醣類（克）	154	65%
蛋白質（克）	28.4	12%
脂肪（克）	25	23%
鈉（毫克）	2877	
鈣（毫克）	156	
膳食纖維（克）	15.5	

LIGHT YOUR HEALTH

健康指引

玉米，一般都用作副食或點心，較不適合長期當作主食食用，因其蛋白質中的離氨酸、色氨酸含量很少，故最好能搭配其他穀類或豆類一起食用。

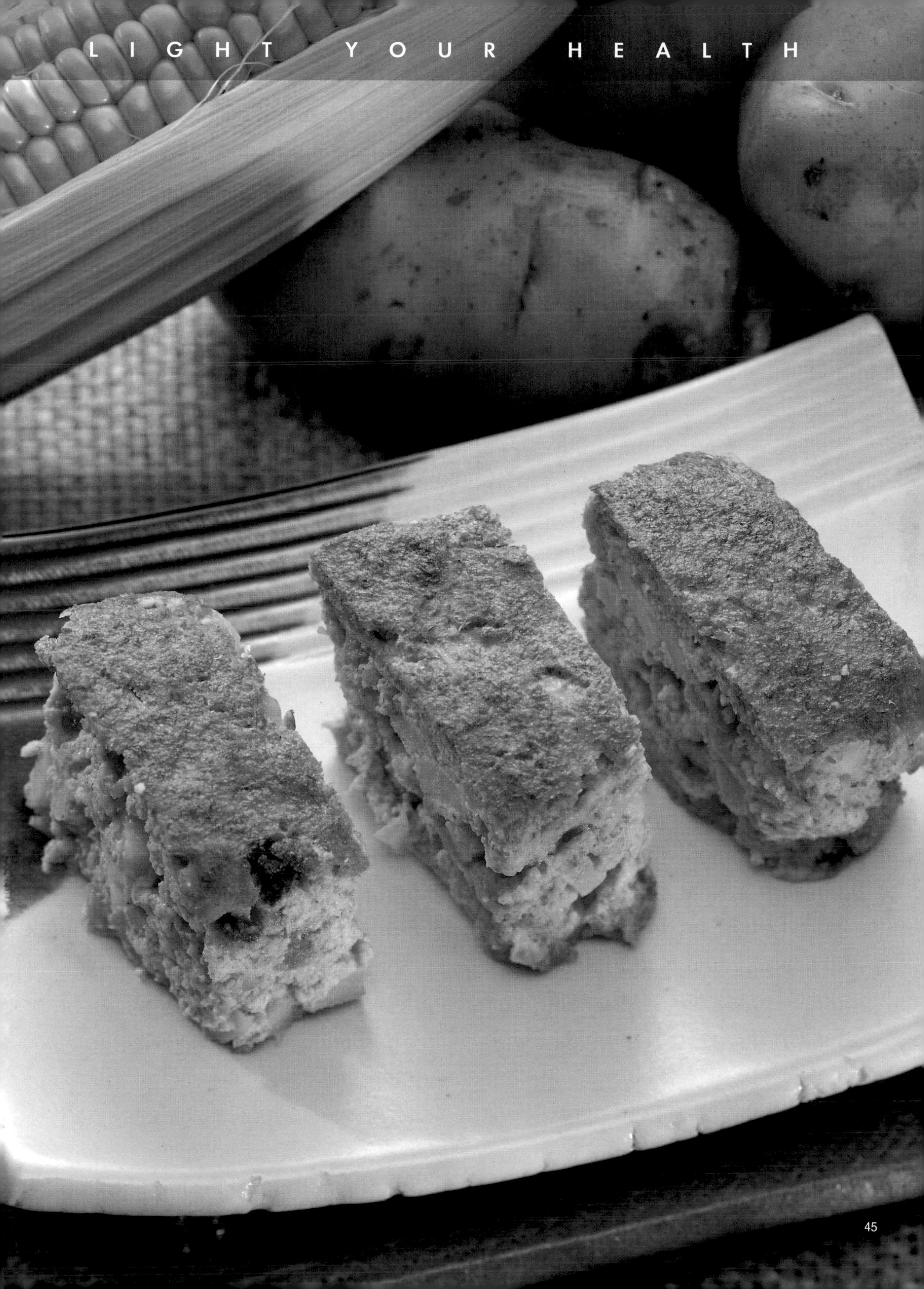

Stir-Fried Ginkgo with Assorted Vegetables

金玉滿堂

營養師小叮嚀

1. 食材的份量及種類，可依個人喜好，自行變化。
2. 市售的百果有罐裝，也有已泡好的小包裝，使用均很方便。

做法

1. 蓮子、栗子洗淨放入蒸鍋蒸軟，備用。
2. 綠花菜切成小朵洗淨後，放入沸水中燙熟撈出，拌入鹽1/4茶匙，備用。
3. 玉米筍洗淨切小段，胡蘿蔔、洋菇、草菇、筍洗淨切丁，香菇泡軟去蒂切丁。
4. 炒鍋中放水約1杯，依序放入栗子、白果、蓮子、香菇、胡蘿蔔、筍丁、洋菇、草菇、玉米筍及調味料，以中小火續煮到湯汁剩1/2杯時，加入太白粉水芶薄芡，起鍋倒入盤中，周圍以汆燙過的綠花菜點綴即可。

認識食材

1. 白果：又稱銀杏，味甘苦，可固腎補肺，袪痰止咳，並有擴張血管，預防高血壓的功效。白果內含有氫氰酸毒素，加熱後毒性減小，建議一天食用不超過10粒為宜。
2. 蓮子：富含醣類、蛋白質、多種維生素及礦物質，有健胃補脾、安心養神的作用。
3. 栗子：含豐富醣類、蛋白質、β–胡蘿蔔素、維生素B2、葉酸，及鈣、鐵等礦物質，有健脾、補腎等功效，但消化不良者不宜多食。

材料

A
白果	80克
蓮子	1/2杯
栗子	1杯
玉米筍	3條
胡蘿蔔（中）	1/2根
筍丁	1/2杯
新鮮洋菇	1杯
新鮮草菇	1杯
香菇（乾）	3朵
綠花菜	1棵

B
調味料：	
天然無發酵醬油	2茶匙
香菇調味料	1/4茶匙
蜂蜜	1/4茶匙
太白粉	1大匙
水	3大匙

營養成分分析（供應份數：約 8 人份）

營養成分	熱量695大卡	熱量比例
醣類（克）	125	72%
蛋白質（克）	39.5	23%
脂肪（克）	4.1	5%
鈉（毫克）	1748	
鈣（毫克）	233	
膳食纖維（克）	29.8	

L I G H T Y O U R H E A L T H

健康指引

白果、蓮子、栗子富含醣類，糖尿病患或體重控制者，食用時，可將其替換部份主食。

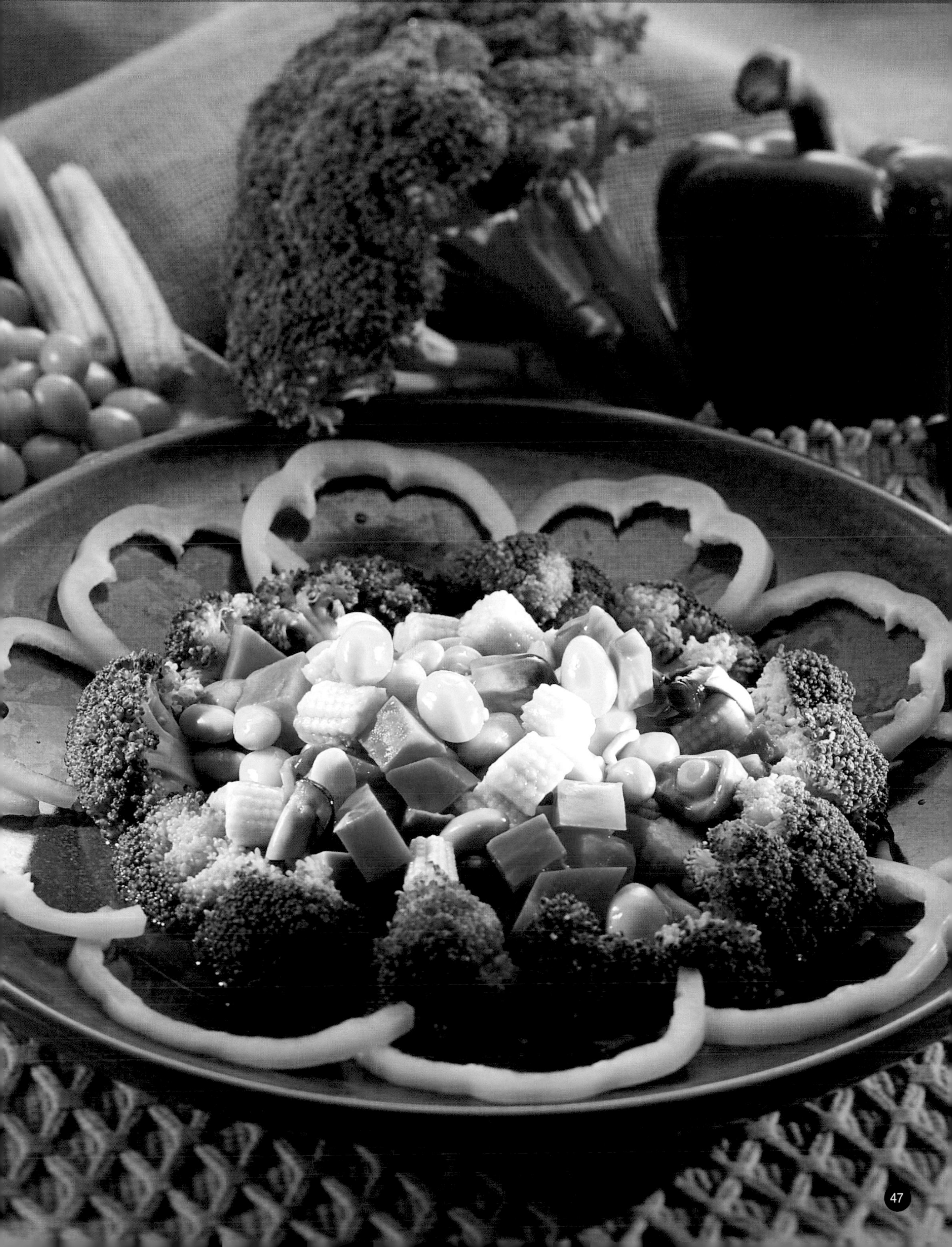

Assorted Vegetable Plate
瑞彩滿堂

做法

1. 香菇泡軟去蒂，刻十字形，胡蘿蔔、綠竹筍去皮切片，備用。
2. 新鮮洋菇洗淨，每個切成4份，素火腿切成半圓片，竹笙洗淨切段，金針菇、蘆筍、白果洗淨，備用。
3. 將以上所有材料燙熟，撈出，瀝乾水分，排列盤中。
4. 炒鍋加水或素高湯約1/2杯，然後將 Ⓑ 組調味料的醬油、鹽加入，煮沸後，再加入太白粉水勾薄芡，淋在盤中的菜餚上即可。

材料

Ⓐ
- 香菇 5朵
- 綠竹筍(小) 1個
- 新鮮洋菇 60克
- 素火腿 150克
- 綠蘆筍 8根
- 胡蘿蔔(中) 1根
- 金針菇 50克
- 白果 50克
- 竹笙 3條

Ⓑ
- 天然無發酵醬油 1大匙
- 鹽 .... 1 茶匙
- 素高湯 1/2杯

Ⓒ
- 太白粉 1大匙
- 水 2大匙

營養成分分析（供應份數: 約 6 人份）

營養成分	熱量782大卡	熱量比例
醣類（克）	87.5	45%
蛋白質（克）	44.3	23%
脂肪（克）	28.3	32%
鈉（毫克）	3197	
鈣（毫克）	320	
膳食纖維（克）	25.4	

LIGHT YOUR HEALTH

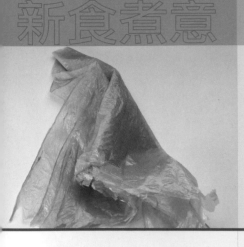

Stuffed Bean Curd Sheets

香菇豆皮卷

做法

1. 香菇泡軟去蒂切絲，胡蘿蔔去皮洗淨切絲，金針菇洗淨切段，筍絲洗淨，備用。

2. 炒鍋內加水約1杯，煮沸後，放入(1)項中的材料，然後加入 **B** 組中的調味料，用小火煮至入味後，將醬汁倒入另一容器內，備用。鍋內留下的材料，加入 **C** 組中的太白粉水，勾薄芡，備用。

3. 豆皮6張，每張抹勻醬汁，然後一張張重疊，最上面鋪勻香菇、胡蘿蔔、金針菇及筍絲，從底部往上，兩側往內摺，捲成長方形。

4. 將豆皮卷排在不沾烤盤上，放入烤箱，溫度上、下火170℃（預熱5分鐘），烤約40分鐘呈金黃色，取出放涼，切斜片裝入盤中。

材料

A
豆皮 6張
香菇 6朵
胡蘿蔔（小）............... 1根
金針菇 60克
筍絲 50克

B
調味料：
天然無發酵醬油 2大匙
鹽 1/2茶匙
蜂蜜 1大匙

C
太白粉 2大匙
水 3大匙

營養成分分析（供應份數: 約 6 人份）

營養成分	熱量438大卡	熱量比例
醣類（克）	64.4	59%
蛋白質（克）	27.2	25%
脂肪（克）	8	16%
鈉（毫克）	2195	
鈣（毫克）	122	
膳食纖維（克）	9.7	

LIGHT YOUR HEALTH

健康指引

慢性疾病患者，可常食用黃豆製品，作為蛋白質的主要來源，能減少膽固醇及飽和脂肪酸的攝取，降低心血管疾病的發生。

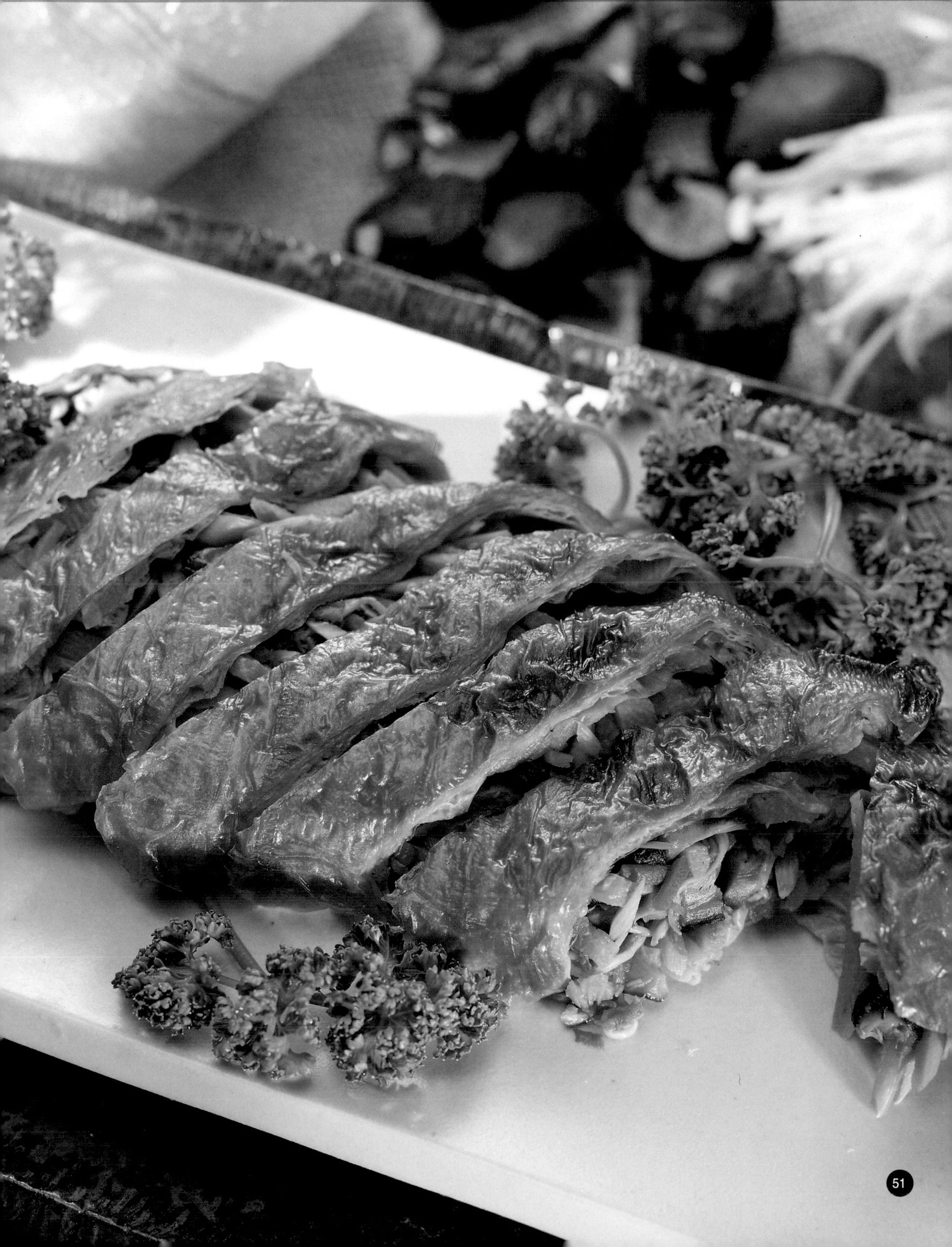

Bean Curd with Black Mushroom
香菇素排

做法

1. 將香菇、豆包切碎，備用。

2. 炒鍋內加水約3/4杯、香菇、醬油及調味料煮滾，然後加入豆包，偶爾翻動，使豆包能吸收湯汁，用小火煮至湯汁收盡，但需注意避免豆包黏在鍋底燒焦。

3. 準備一個不鏽鋼便當盒（或選擇自己喜歡的模型），盒底鋪上一層玻璃紙，將 (2) 項材料放入，壓緊蓋好，用電鍋蒸約一小時，待涼後切片，即可成為一道主菜。

認識食材

1. 豆包：蛋白質含量高，熱量低，不含膽固醇，且和其它黃豆產品一樣含有豐富的植物性雌激素——異黃酮素，有助減輕婦女更年期的症狀及降低乳癌的罹患。

2. 香菇：富含維生素B1、B2、鉀、鐵等營養素、屬高鹼性食物。此外還含有鳥核酸，為香菇風味的主要成分。

材料

豆包	10片
香菇（泡軟）	10-12朵
天然無發酵醬油	1/3杯
水	3/4杯
蜂蜜	1大匙
鹽	1/4茶匙

營養成分分析（供應份數：約 15人份）

營養成分	熱量1554大卡	熱量比例
醣類（克）	71.8	18%
蛋白質（克）	182.3	47%
脂肪（克）	59.8	35%
鈉（毫克）	3360	
鈣（毫克）	428	
膳食纖維（克）	13	

香菇素排製作過程：

L I G H T   Y O U R   H E A L T H

Seaweed Rolls
生菜手卷

營養師小叮嚀

家中如有小烤箱，可將海苔先烤一下，再作成手卷，口感更好。

做法

1. 海苔對切成三角形，備用。其他 Ⓐ 組中的胡蘿蔔去皮洗淨切絲，美生菜、紫高麗菜洗淨切絲，豌豆嬰、苜蓿芽洗淨，所有蔬菜需瀝乾水分，備用。

2. 將 Ⓑ 組中的洋蔥蜂蜜杏仁醬、醬油、與水拌勻作成醬汁，備用。

3. 先取一張海苔，捲成三角圓錐形，將適量的各種蔬菜放入海苔卷內，然後淋上(2)項的醬汁約1/2大匙即可，需儘速食用。

材料

```
┌─ 海苔 ........................ 3張
│  美生菜 .................... 1/2棵
│  胡蘿蔔(小) .............. 1/2根
Ⓐ 豌豆嬰 .................... 1杯
│  苜蓿芽 .................... 1杯
└─ 紫高麗菜.................. 1/8棵

┌─ 洋蔥蜂蜜杏仁醬 ...... 1大匙
│  （作法請參看本食譜第115頁）
Ⓑ 天然無發酵醬油 ...... 1大匙
└─ 溫開水 .................. 約1大匙
```

營養成分分析（供應份數: 約 6 人份）

營養成分	1平碗 熱量346大卡	熱量比例
醣類（克）	42.9	50%
蛋白質（克）	17.6	20%
脂肪（克）	11.5	30%
鈉（毫克）	1069	
鈣（毫克）	325	
膳食纖維（克）	13.9	

L I G H T   Y O U R   H E A L T H !

Spring Rolls
潤餅

營養師小叮嚀

1. 在製作餡料時，儘量要把湯汁收乾，以免影響潤餅的美觀和口感。
2. 餡料的食材，可依個人喜好，自行變化。

做法

1. 將 Ⓐ 組中的豆包、高麗菜洗淨切細絲，韭黃洗淨切段，胡蘿蔔去皮洗淨切絲，香菇泡軟去蒂切絲，備用。
2. 將 Ⓑ 組中的香菜洗淨切碎，烤過的杏仁豆壓碎，備用。
3. 炒鍋內加水約1/2杯，然後倒入醬油，香菇絲、豆包絲煮至入味，再加入胡蘿蔔、高麗菜、韭黃及鹽，煮軟後用 Ⓓ 組的太白粉水勾薄芡，作成餡。
4. 春捲皮1張攤開，上面鋪約2平湯匙的餡，撒約1茶匙的碎杏仁及少許香菜，然後從底部往上，兩側往內摺，捲成長方形即可。

材料

Ⓐ
- 豆包 2片
- 韭黃 5根
- 高麗菜 1/4棵
- 胡蘿蔔(中) 1/2根
- 香菇 3朵

Ⓑ
- 春捲皮 8張
- 杏仁豆(烤過) 1/4杯
- 香菜(隨意) 1/4杯

Ⓒ
- 鹽 1/2茶匙
- 天然無發酵醬油 2大匙

Ⓓ
- 太白粉 1大匙
- 水 3大匙

營養成分分析（供應份數: 約 8 人份）

營養成分	熱量968大卡	熱量比例
醣類（克）	117.6	49%
蛋白質（克）	61	25%
脂肪（克）	28.2	26%
鈉（毫克）	2786	
鈣（毫克）	397	
膳食纖維（克）	11.9	

潤餅製作過程：

LIGHT YOUR HEALTH

健康指引

1份潤餅約含121大卡熱量，糖尿病患或減重者，在其飲食計畫中，可替換約1份主食及1/2份蛋白質。

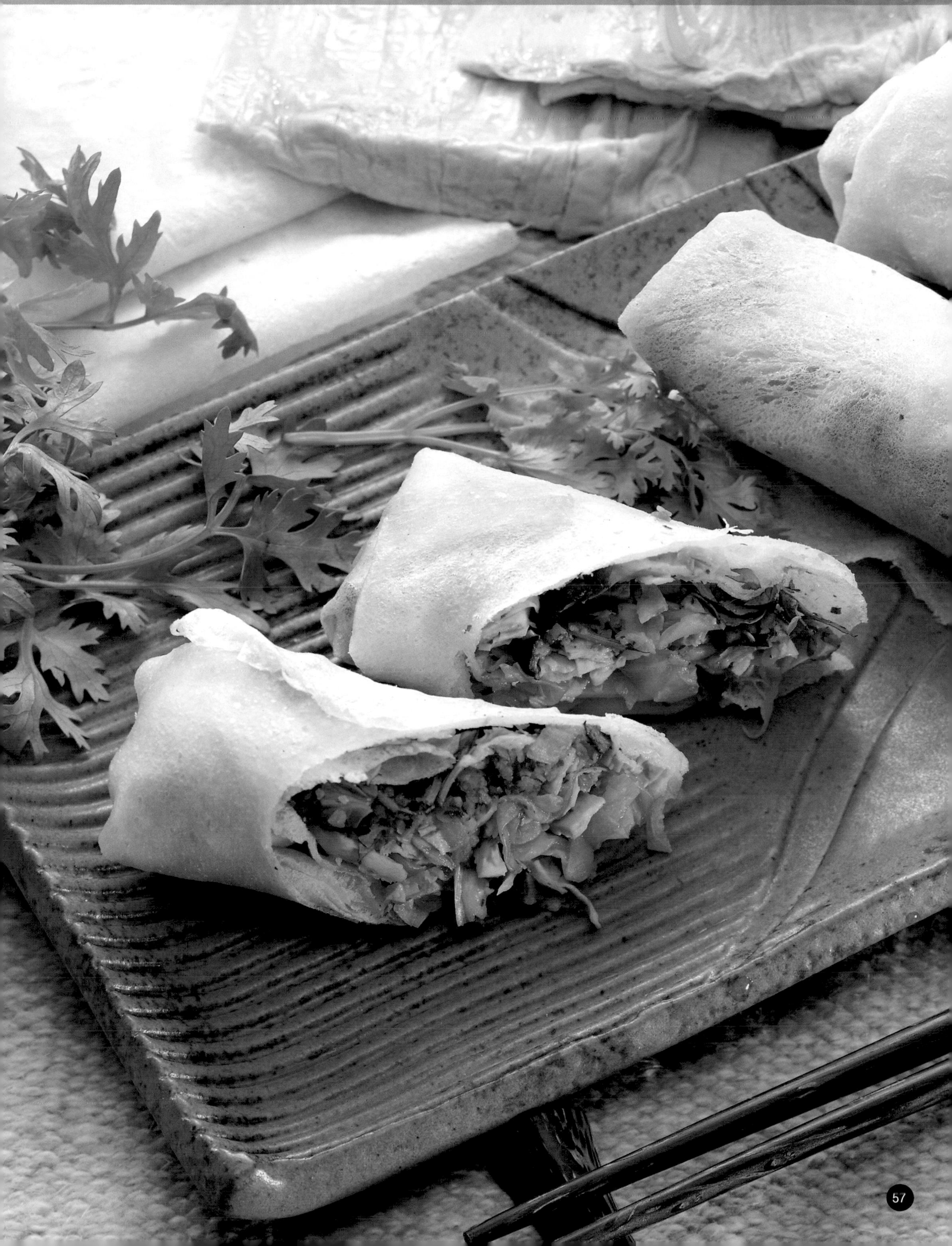

Mustard Green with Sweet Pepper
燴芥菜心

營養師小叮嚀

芥菜心，本身稍具苦味，在沸水中稍微汆燙，即可除去苦味，但勿燙太久，以免影響菜的色澤。

做法

1. 將 Ⓐ 組材料的芥菜心洗淨切成大片，放入沸水中汆燙撈出，瀝去水分，備用。
2. 紅甜椒洗淨切細絲，金針菇洗淨切段、玉米粒洗淨備用。
3. 炒鍋加少許水，煮沸後，放入芥菜心片、紅甜椒絲、金針菇、玉米粒、鹽，入味後，加入太白粉水芶薄芡即可。

認識食材

芥菜屬十字花科蔬菜，富含鐵、鈣及抗癌的的化合物質，尤其維生素C、及 β-胡蘿蔔素更是豐富，可幫助降低心臟病及某些癌症的罹患，並能增強免疫系統，抵抗疾病的能力。

材料

Ⓐ	芥菜心	600克
	紅甜椒	1/2個
	金針菇	50克
	玉米粒	1/4杯
Ⓑ	鹽	1茶匙
	太白粉	1大匙
	水	4大匙

營養成分分析（供應份數: 約 6 人份）

營養成分	熱量222大卡	熱量比例
醣類（克）	40.1	72%
蛋白質（克）	6.9	12%
脂肪（克）	3.8	16%
鈉（毫克）	2268	
鈣（毫克）	614	
膳食纖維（克）	12.8	

Chinese Cabbage Salad
涼拌大白菜

營養師小叮嚀

涼拌菜不需經過高溫烹調，因此需特別注意食品衛生：
1. 蔬菜要徹底清洗乾淨。
2. 切分時，不可使用沾過生鮮食物的砧板，以免造成污染。
3. 料理時，避免用手直接接觸食物。

做法

1. 先將 Ⓐ 組材料中的豆包，每一片抹少許鹽，使其入味，然後放入烤箱，烤至兩面呈金黃色，待涼，切成細絲，備用。
2. 大白菜梗洗淨切細絲，胡蘿蔔洗淨去皮切細絲，香菜洗淨切碎，備用。
3. 將大白菜絲、胡蘿蔔絲用少許鹽醃一下去水，加入豆包絲、香菜、蒜末、及 Ⓑ 組中的調味料拌勻，食用前撒上腰果即可。

認識食材

大白菜又名包心菜，含有維生素C、鉀及鈣，也像其他十字花科家族的植物一樣含有吲哚(Indoles)植物化合物，具有抗氧化作用，可助防癌並增強人體對感染的抵抗力。

材料

Ⓐ
- 大白菜 (去葉留梗) 300克
- 豆包 2片
- 胡蘿蔔 (小) 1/2根
- 香菜 1/4杯
- 蒜 (末) 1茶匙
- 烤熟腰果 (切碎) 2大匙

Ⓑ
- 天然無發酵醬油 1大匙
- 蜂蜜 1茶匙
- 新鮮檸檬汁 1大匙
- 鹽 1/2茶匙

營養成分分析（供應份數: 約 6 人份）

營養成分	熱量343大卡	熱量比例
醣類（克）	27.8	32%
蛋白質（克）	26.5	31%
脂肪（克）	14	37%
鈉（毫克）	1914	
鈣（毫克）	227	
膳食纖維（克）	6.8	

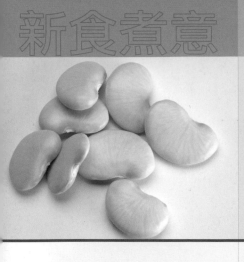

Stir-Fried Lima Beans with Spinach

翠玉皇帝豆

做法

1. 皇帝豆洗淨、放入沸水中煮軟撈起，備用。
2. 菠菜洗淨切碎，胡蘿蔔去皮洗淨切成小丁。
3. 炒鍋內加水約1/2杯，煮滾後，依序加入胡蘿蔔丁煮軟，再加入皇帝豆、鹽，入味後，放入菠菜，起鍋前，再加入太白粉水，芶薄芡即可。

認識食材

1. 皇帝豆：富含醣類、蛋白質、維生素C及鐵質等多種營養素，有助調節體內的生理機能。
2. 菠菜：含豐富的鐵質、維生素C、葉酸、β−胡蘿蔔素、及纖維質。屬高鹼性蔬菜，常食用，可改善缺鐵性貧血，增強身體新陳代謝的功能。但其含草酸較高，最好與含鈣豐富的食物分開時間食用、避免形成草酸鈣，影響鈣的吸收及利用。

材料

A
- 皇帝豆 300克
- 菠菜（切碎）.......... 1/2杯
- 胡蘿蔔(小) 1/2根

B
- 鹽 1/2茶匙
- 太白粉 1大匙
- 水 3大匙

營養成分分析（供應份數: 約6人份）

營養成分	熱量428大卡	熱量比例
醣類（克）	73.6	69%
蛋白質（克）	28.7	27%
脂肪（克）	2.1	4%
鈉（毫克）	1240	
鈣（毫克）	144	
膳食纖維（克）	19.6	

Seaweed Cold Plate

涼拌海帶絲

營養師小叮嚀

這道涼拌菜除使用海帶絲外，海帶根、海帶芽亦是不錯的選擇。

做法

1. 將 Ⓐ 組中的海帶絲洗淨切段，放入沸水中汆燙過，撈出，瀝乾水分，待涼後，備用。

2. 胡蘿蔔去皮，小黃瓜、紅甜椒三種材料洗淨切細絲，用少許鹽醃一下，擠去多餘水分，與海帶絲，及 Ⓑ 組中所有的調味料一起拌勻，即成一道好吃的涼拌菜。

材料

Ⓐ
海帶絲	600克
小黃瓜	1條
紅甜椒	1/2個
胡蘿蔔(中)	1/3根

Ⓑ
新鮮檸檬汁	3大匙
蜂蜜	1大匙
蒜末	2大匙
鹽	1/2茶匙

營養成分分析（供應份數: 約 6 人份）

營養成分	熱量227大卡	熱量比例
醣類（克）	45	79%
蛋白質（克）	7.2	13%
脂肪（克）	2.1	8%
鈉（毫克）	3649	
鈣（毫克）	556	
膳食纖維（克）	21	

LIGHT YOUR HEALTH

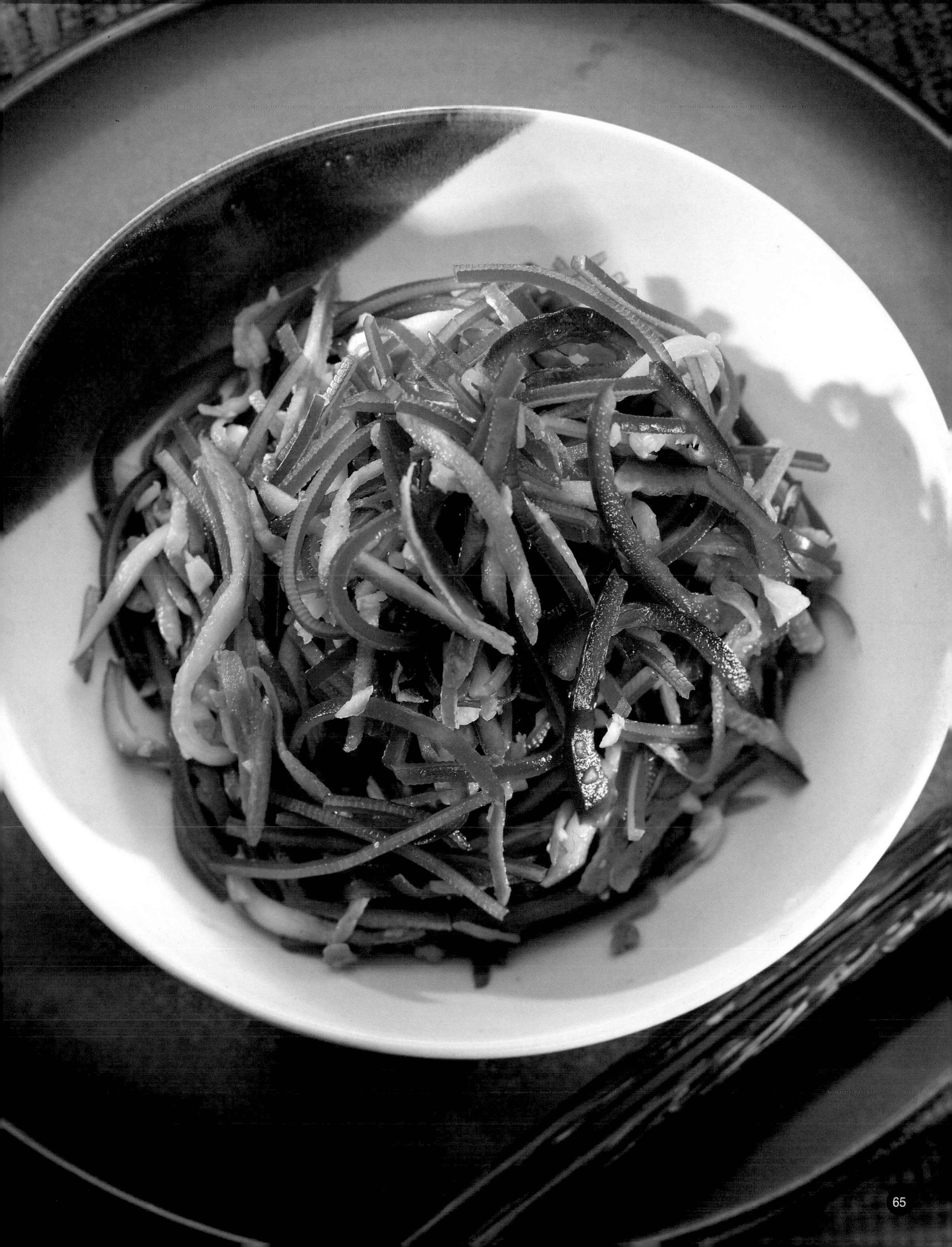

Macaroni & "Cheese"
起士通心粉

營養師小叮嚀

材料中使用生腰果與水用果汁機打成的腰果奶，可用「無糖豆奶」替代，亦別有一番風味。

做法

1. 通心粉放入沸水中煮熟，瀝去水份，備用。

2. 將 **B** 組材料中的生腰果與水放入果汁機中打勻，然後依序加入紅甜椒、檸檬汁、洋蔥粉、香蒜粉、及鹽，繼續打至質地勻細，備用。

3. 煮熟的通心粉與（2）項的腰果混合物拌勻，倒入不沾烤盤內，用鋁箔紙封好，放入烤箱（預熱180℃），烤約30分鐘後，將鋁箔紙除去，在上面灑些麵包屑，再次進入烤箱，烤約15分鐘即可。

材料

A 蔬菜通心粉 2杯
　　生腰果 1/3杯
　　水 2杯
　　紅甜椒 1/2個
B 新鮮檸檬汁 2大匙
　　洋蔥粉 1茶匙
　　香蒜粉 1/4茶匙
　　鹽 1茶匙
C 全麥麵包屑 1 1/2杯

營養成分分析（供應份數: 約 8人份）

營養成分	熱量1304大卡	熱量比例
醣類（克）	225	69%
蛋白質（克）	52	16%
脂肪（克）	21.8	15%
鈉（毫克）	2260	
鈣（毫克）	138	
膳食纖維（克）	5.9	

LIGHT YOUR HEALTH!

健康指引

一般義大利料理，脂肪含量的比例約佔30%~40%，油脂及熱量均較高。不妨自行製作「起士通心麵」，其脂肪含量僅佔15%。此外，添加的全麥麵包屑，亦可補充較多的膳食纖維及其它營養素。

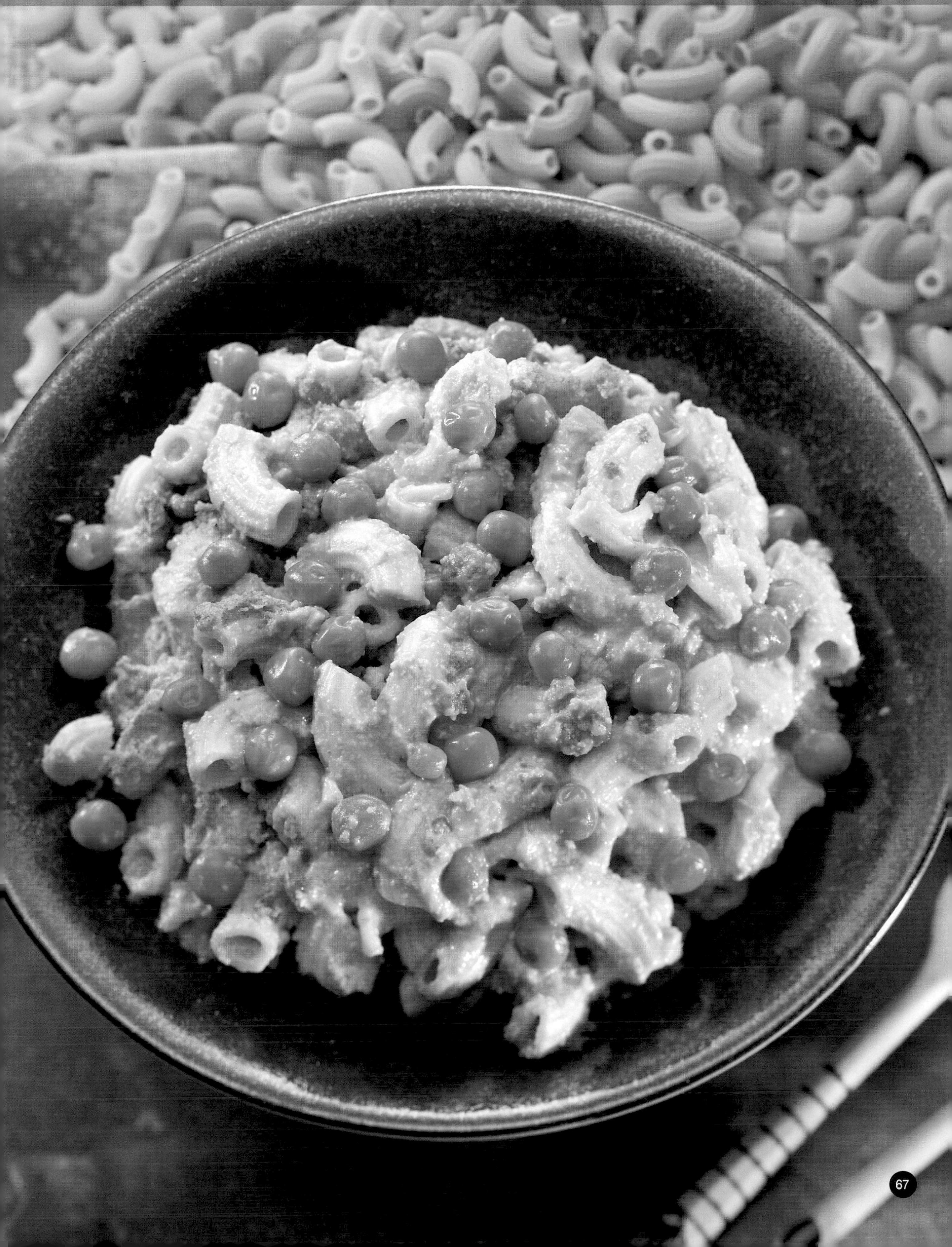

Pancake with Vegetables

蔬菜芙蓉

營養師小叮嚀

使用全麥麵粉或馬鈴薯泥替代綠豆仁作成蔬菜餅,口感亦不錯。

做法

1. 先將 Ⓐ 組中的材料放入果汁機中打勻,備用。
2. 將 Ⓑ 組中各種蔬菜洗淨切成細絲,放入容器,加入(1)項綠豆仁混合物及調味料拌勻。
3. 用湯匙將(2)項混合物舀入平底鍋,用中小火煎至兩面呈金黃色即可。

認識食材

1. 甜椒:富含許多抗氧化劑,如維生素C、β-胡蘿蔔素、檞皮素,能清除讓血管老化的自由基,同時也含多量的維生素B群及葉酸,減少同半胱胺酸的合成,可降低心臟病及中風的危險。
2. 綠豆芽:含蛋白質、醣類、維生素C、維生素B1、鈣、磷、鐵、膳食纖維等,有清暑熱、調和五臟、利尿消水腫的功用。

材料

Ⓐ
- 綠豆仁(浸泡、去皮)... 2杯
- 水 1杯
- 芝麻(烤過) 1大匙

Ⓑ
- 青椒 1/2個
- 紅甜椒 1/2個
- 豌豆夾 10片
- 青蔥 3根
- 胡蘿蔔 1條
- 洋蔥 1/2個
- 綠豆芽 1杯

Ⓒ
- 調味料:
- 香蒜粉 1茶匙
- 洋蔥粉 1茶匙
- 鹽 1茶匙

營養成分分析(供應份數: 約12個)

營養成分	熱量1355大卡	熱量比例
醣類(克)	231.3	68%
蛋白質(克)	90	27%
脂肪(克)	7.8	5%
鈉(毫克)	1696	
鈣(毫克)	315	
膳食纖維(克)	24.1	

LIGHT YOUR HEALTH

健康指引

綠豆仁富含醣類,糖尿病患或體重控制者,食用時可將其替換部份主食。

Stir-Fried Garbanzo with Taro

雪蓮子豆燒芋頭

做法

1. 雪蓮子豆煮熟，芋頭、胡蘿蔔去皮洗淨切丁，分別煮軟，洋香菜洗淨切碎，備用。

2. 美芹洗淨，去除老絲切丁，在沸水中汆燙一下，撈出，瀝乾水份，備用。

3. 將 **B** 組材料的腰果與水，用果汁機打勻成腰果奶，備用。

4. 炒鍋內加水約1杯，將雪蓮子豆、芋頭、胡蘿蔔及(3)項中的腰果奶放入，煮沸後，加入 **C** 組的醬油及鹽，改小火，繼續煮約5分鐘，起鍋前，加入美芹丁、洋香菜拌勻即可。

認識食材

雪蓮子豆，又稱埃及豆或雞豆，是埃及人菜餚中常用的一種食材，富含醣類、蛋白質等營養素，為素食者攝取蛋白質的主要來源之一。

材料

A	雪蓮子豆 1/2杯
	芋頭(中) 1個
	美芹 1/2杯
	胡蘿蔔 1/2根
	洋香菜 1/3杯
B	腰果 1/4杯
	水 2杯
C	天然無發酵醬油 1大匙
	鹽 3/4茶匙

營養成分分析（供應份數: 約 8 人份）

營養成分	熱量1075大卡	熱量比例
醣類（克）	198.5	74%
蛋白質（克）	29.2	11%
脂肪（克）	18.2	15%
鈉（毫克）	2776	
鈣（毫克）	323	
膳食纖維（克）	17.9	

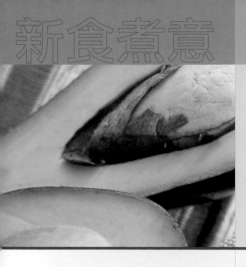

Avocado Salad
酪梨沙拉

營養師小叮嚀

酪梨去皮後與蘋果類似，易生褐變，因此，在製作酪梨沙拉時，加入適量的檸檬汁，不僅可增添風味，還可穩定其鮮明的綠色。

做法

酪梨洗淨去皮切塊，洋蔥去皮洗淨切丁，蕃茄洗淨切丁，然後加入 Ⓑ 組中其他所有調味料拌勻即可。

認識食材

此沙拉中的酪梨，富含單元不飽和脂肪酸，是良好的天然油脂來源，同時亦含菸鹼酸，葉酸，及維生素A、C等營養素，與各種蔬菜搭配，是一道合乎健康的生菜沙拉。

材料

Ⓐ
┌ 軟酪梨（中）............ 1個
│ 洋蔥 1/2個
└ 蕃茄 2個

Ⓑ
┌ 調味料：
│ 新鮮檸檬汁 2大匙
│ 蜂蜜 1大匙
└ 鹽 1/2茶匙

營養成分分析（供應份數: 約 6 人份）

營養成分	熱量560大卡	熱量比例
醣類（克）	68.8	49%
蛋白質（克）	8.9	6%
脂肪（克）	27.7	45%
鈉（毫克）	1345	
鈣（毫克）	93	
膳食纖維（克）	12	

LIGHT YOUR HEALTH

健康指引

酪梨是屬油脂類，1/8片酪梨相當1份油脂。因此，減重者，不妨在此道沙拉內多增加蔬菜，減少酪梨的分量。

Bean Salad
豆子沙拉

營養師小叮嚀

烹煮雪蓮子豆及紅腰子豆，所需的時間不同，建議分開煮，較易掌握豆子的熟軟度。

做法

1. 分別將 Ⓐ 組中的雪蓮子豆、紅腰子豆煮軟，備用。
2. 將 Ⓑ 組所有材料洗淨切丁，加入雪蓮子豆、紅腰子豆、及 Ⓒ 組的調味料拌勻即可。

認識食材

紅腰子豆，是墨西哥菜餚中常用的食材，富含蛋白質、葉酸、鉀、鐵及纖維質等營養素，常選用可降低膽固醇，減少糖尿病、中風和心血管疾病的罹患。

材料

Ⓐ
- 雪蓮子豆 1杯
- 紅腰子豆 1/2杯

Ⓑ
- 青椒 1個
- 紅甜椒 1/2個
- 美芹 1根
- 蕃茄 1個
- 洋蔥 1/2個

Ⓒ
- 調味料：
- 新鮮檸檬汁 3大匙
- 蜂蜜 1大匙
- 鹽 3/4茶匙

營養成分分析（供應份數: 約 6 人份）

營養成分	熱量546大卡	熱量比例
醣類（克）	98.9	72%
蛋白質（克）	25.8	19%
脂肪（克）	5.2	9%
鈉（毫克）	2149	
鈣（毫克）	313	
膳食纖維（克）	16.8	

健康指引

食用豆類易脹氣者，可搭配米飯一起食用，不僅可降低脹氣現象，亦可提升蛋白質的利用率。

Garden Salad
綜合蔬菜沙拉

營養師小叮嚀

每種蔬菜均含有其特殊的維生素、礦物質及植物性化合物(Phytochemicals)，生菜沙拉的材料，可依個人喜好，自行搭配，除食譜中使用的食材外，其他如：美芹、洋蔥、蕃茄、小黃瓜、青豆仁、涼薯等亦都是不錯的選擇。

做法

1. 美生菜洗淨，用手撕成片狀，紅甜椒、紫高麗、胡蘿蔔洗淨切成細絲，苜蓿芽、豌豆嬰洗淨，備用。
2. 將 (1) 項中各種生菜排在盤中，可搭配本書自製的各種沙拉醬一同食用。

材料

美生菜	1/2棵
紅甜椒	1個
苜蓿芽	1杯
紫高麗	1/6棵
胡蘿蔔	1/2根
豌豆嬰	1/2杯

營養成分分析（供應份數: 約 4 人份）

營養成分	熱量110大卡	熱量比例
醣類（克）	17	62%
蛋白質（克）	5.7	21%
脂肪（克）	2.1	17%
鈉（毫克）	77	
鈣（毫克）	125	
膳食纖維（克）	6.6	

LIGHT YOUR HEALTH

Vegetable Salad with Cashew Sauce

什錦沙拉

營養師小叮嚀

使用美芹替代食譜中的小黃瓜，核桃替代松子，亦是不錯的選擇。

做法

1. 除松子、葡萄乾外，將馬鈴薯、胡蘿蔔去皮洗淨，切成丁煮軟。
2. 小黃瓜、甜紅椒洗淨切丁。
3. 玉米粒放入滾水中汆燙一下撈出，瀝去水份，備用。
4. 將以上所有材料與「新起點」腰果沙拉醬拌勻即可。

認識食材

玉米：玉米富含醣類、蛋白質、油脂等多種營養素，油脂的主要成分為亞麻仁油酸，有助預防心血管疾病。此外，黃玉米中葉黃素、玉米黃質、β-胡蘿蔔素含量豐富，具有增強視力、保護黏膜的作用。

材料

┌ 小黃瓜	2根	
│ 胡蘿蔔(中).....................	1/2根	
│ 紅甜椒	1/2個	
Ⓐ 馬鈴薯	1個	
│ 玉米粒	1/2杯	
│ 葡萄乾	1/3杯	
└ 松子(烤過)	1/3杯	
Ⓑ 腰果沙拉醬	1/3杯	

(作法：參看本食譜第112頁)

營養成分分析（供應份數：約6人份）

營養成分	熱量816大卡	熱量比例
醣類（克）	116.7	57%
蛋白質（克）	24.4	12%
脂肪（克）	28	31%
鈉（毫克）	1068	
鈣（毫克）	123	
膳食纖維（克）	14	

L I G H T   Y O U R   H E A L T H

健康指引

此道沙拉的油脂來自腰果、松子，不含精製提煉油及反式脂肪酸，且油脂及熱量含量較低。

Korean Style Salad
開胃小菜

營養師小叮嚀

1. 食材中的紅椒粉，可在超市或西式食材專賣店買到。
2. 大白菜，可改用白蘿蔔，就變成辣味蘿蔔。

做法

1. 將 Ⓐ 組中的大白菜洗淨切片，加入2茶匙的鹽，醃半小時後，倒掉苦水，再用冷開水洗淨，瀝乾，備用。
2. 胡蘿蔔去皮切絲，青蔥洗淨切末，與大白菜、檸檬汁拌勻，備用。
3. 將 Ⓑ 組中的紅甜椒洗淨切片，洋蔥洗淨切塊，與蒜頭、蜂蜜、鹽、及紅椒粉一起放入果汁內打成醬，然後與(2)項的大白菜、胡蘿蔔混合物拌勻，再醃30分鐘後，即可食用。

認識食材

此道菜使用的紅椒粉與一般辣椒粉不同，有辣味，但較少刺激性。含豐富的維生素C及 β–胡蘿蔔素，且其所含的番紅椒素，是很好的充血解除劑，有減輕鼻塞、感冒的療效。

材料

	大白菜（大）	1/2顆
	胡蘿蔔	1/2根
Ⓐ	青蔥	2根
	新鮮檸檬汁	1/4杯
	鹽	2茶匙
	紅甜椒	1個
	洋蔥	1/2個
Ⓑ	蒜頭	8粒
	蜂蜜	2大匙
	鹽	2茶匙
	紅椒粉	1/8茶匙

營養成份分析（供應份數: 約 6 人份）

營養成分	熱量297大卡	熱量比例
醣類（克）	59	79%
蛋白質（克）	10.4	14%
脂肪（克）	2.2	7%
鈉（毫克）	1952	
鈣（毫克）	296	
膳食纖維（克）	12.2	

新食創意菜
湯品篇 Soup

「新起點」食譜中的濃湯，使用的食材多為五穀根莖類、蔬菜類、

適量的核果或果子類，不含提煉精製油，其所含的油脂及熱量

均較一般西式的濃湯低。

晚餐後，一般來説，活動量減少，

體內消耗的熱量趨向和緩，腸胃蠕動功能亦減弱。

如攝取過多食物，易在體內轉換脂肪儲存，

不易控制體重，且增加腸胃的負擔。因此，

建議晚餐要吃的簡單：濃湯、水果、穀類食物，及少許核果醬料即可，

且須在就寢前2~3小時以前用餐，

如此，才可使胃得到充分的休息。

LIGHT YOUR HEALTH

玉米蔬菜濃湯	Corn Chowder
青豆洋菇濃湯	Creamy Green Pea Soup
鄉村蔬菜濃湯	Minestrone
南瓜濃湯	Creamy Pumpkin Soup
豆腐海帶芽濃湯	Tofu Seaweed Soup
芋頭濃湯	Taro Mushroom Soup
薏仁蔬菜濃湯	Assorted Vegetable Soup
番茄濃湯	Creamy Tomato Soup
補氣養生湯	Purple Yam in Chinese Herb Soup
錦繡素齋	Chinese Herb Soup

Corn Chowder
玉米蔬菜濃湯

營養師小叮嚀

使用新鮮玉米粒，用果汁機打成的玉米醬，可減少「罐頭玉米醬」額外添加的鹽及糖分。

材料

Ⓐ
生腰果	1/4杯
水	2杯

Ⓑ
馬鈴薯(中)	2個
美芹	1根
洋蔥	1/2個
胡蘿蔔(中)	1/2根
洋香菜	2大匙
鹽	1茶匙
月桂葉(隨意)	1片

Ⓒ
玉米粒	2杯
水	1杯

做法

1. 先將 Ⓐ 組中的腰果與水，用果汁機打勻成腰果奶，備用。
2. 馬鈴薯、胡蘿蔔、洋蔥去皮洗淨切小丁，美芹洗淨切小丁，洋香菜洗淨切碎，備用。
3. 湯鍋內加水約5杯，煮滾後，加入 Ⓑ 組所有材料，用小火煮至馬鈴薯變軟。
4. 將 Ⓒ 組中的玉米粒放入果汁機中，加水1杯稍打一下，倒入(3)項馬鈴薯混合物中，繼續煮約10分鐘，需不停攪拌，然後加入(1) 項的腰果奶略煮一下即可（如要湯濃稠，可減少水的分量）。

營養成份分析（供應份數: 約8人份）

營養成分	熱量840大卡	熱量比例
醣類（克）	151	72%
蛋白質（克）	23	11%
脂肪（克）	16	17%
鈉（毫克）	2584	
鈣（毫克）	165	
膳食纖維（克）	19	

健康指引

此湯所含的油脂及熱量較一般西餐供應的濃湯低，減重者可酌量減少腰果、及玉米粒的分量，亦可享受健康又美味的濃湯。

Creamy Green Pea Soup
青豆洋菇濃湯

材料

A┌ 腰果 1/4杯
 │ 青豆仁 300克
 └ 水 2杯

B┌ 馬鈴薯(中) 2個
 │ 新鮮洋菇 100克
 └ 胡蘿蔔(中) 1/2根

C┌ 鹽 3/4茶匙
 └ 洋蔥粉 2茶匙

做法

1. 將 Ⓐ 組中的腰果、青豆仁、水2杯，用果汁機打成泥狀、備用。

2. 馬鈴薯去皮洗淨切成塊狀，胡蘿蔔、洋菇洗淨切小丁，備用。

3. 將馬鈴薯放入鍋內，加水約2杯，用小火煮軟，稍涼後，放入果汁機打成泥狀，然後倒回鍋內，加水約4杯，煮滾後，依序加入胡蘿蔔丁、洋菇丁，煮軟後，加入(1)項腰果青豆泥，及 Ⓒ 組的鹽、洋蔥粉拌勻一下，即成一道好吃的濃湯。

營養成份分析（供應份數: 8人份）

營養成分	熱量812大卡	熱量比例
醣類（克）	99.9	49%
蛋白質（克）	46.9	23%
脂肪（克）	25	28%
鈉（毫克）	2685	
鈣（毫克）	248	
膳食纖維（克）	35.5	

認識食材

1. 青豆仁，又名豌豆仁，含有蛋白質、菸鹼酸、維生素C、及纖維質，而顏色愈綠，其所含的抗癌化合物--葉綠酸也較多，可減低癌症的罹患。一些研究也認為，常食用青豆仁，有助降低血脂肪，預防心臟病的發生。

2. 新鮮洋菇，富含必需氨基酸、維生素B2、鉀，鈣等營養素，不易保存、易褐變，但不會影響其營養價值。

Minestrone
鄉村蔬菜濃湯

做法

1. 先將 Ⓐ 組中的高麗菜洗淨切小片，馬鈴薯、洋蔥去皮洗淨切小丁，蕃茄洗淨切小丁，美芹、四季豆洗淨切小段，洋香菜洗淨切碎，備用。
2. 紅腰子豆煮軟，備用。
3. 除紅腰子豆、四季豆外，先將其它材料放入鍋中，加水約4~5杯，煮滾後，放入 Ⓒ 組中所有調味料，然後改為小火煮約20分鐘，再加入2種豆子，繼續煮約15分鐘即可。

材料

	材料	份量
Ⓐ	高麗菜	1/4顆
	馬鈴薯	1個
	蕃茄	1個
	美芹	2根
	洋蔥	1/2個
	月桂葉	1片
	四季豆	100克
Ⓑ	紅腰子豆	3/4杯
Ⓒ	調味料：	
	鹽	3/4茶匙
	義大利調味料	1/2茶匙
	甜蘿勒	1/2茶匙

營養成分分析（供應份數: 8人份）

營養成分	熱量458大卡	熱量比例
醣類（克）	85	74%
蛋白質（克）	23	20%
脂肪（克）	3	6%
鈉（毫克）	2808	
鈣（毫克）	365	
膳食纖維（克）	14	

Creamy Pumpkin Soup
南瓜濃湯

材料

Ⓐ
南瓜（中） 1個
洋香菜（切碎） 2大匙

Ⓑ
新鮮腰果 1/4杯
水 1杯

Ⓒ
鹽 3/4茶匙

做法

1. 南瓜的皮洗淨切半去籽，切成小塊，洋香菜洗淨切碎，備用。

2. 將 **Ⓑ** 組中的腰果倒入果汁機中，加水約1杯，打至質地勻細的腰果奶，備用。

3. 切好的南瓜放入大鍋中，加水約4~5杯，煮沸後，改為小火煮至南瓜成泥狀，然後加入腰果奶、鹽拌勻，稍煮一下，即可起鍋（食用前可灑些洋香菜）。

營養成分分析（供應份數: 約8人份）

營養成分	熱量1069大卡	熱量比例
醣類（克）	198	74%
蛋白質（克）	41	15%
脂肪（克）	13	11%
鈉（毫克）	2247	
鈣（毫克）	176	
膳食纖維（克）	29	

認識食材
南瓜，俗稱「金瓜」，富含澱粉，β-胡蘿蔔素，及微量元素的鋅、鎂、及纖維質，有強化免疫系統，預防呼吸性疾病及過敏的功效。

健康指引
◎南瓜洗乾淨，連皮一起吃，可增加纖維質及其它營養素的攝取。
◎南瓜濃湯，1杯約含134大卡熱量，針對糖尿病或減重者，在其飲食計劃中，可替換約2份主食。

Tofu Seaweed Soup

豆腐海帶芽濃湯

材料

A
- 馬鈴薯（中）............ 2個
- 生腰果 1/4杯
- 水 2杯

B
- 嫩豆腐 300克
- 黃豆芽 300克
- 鹽 1茶匙
- 天然無發酵醬油 1大匙

C
- 海苔（切小片）........ 2張
- 蔥花 1/4杯

做法

1. 先將 A 組中的馬鈴薯去皮切塊，與腰果、水2杯，放入果汁機中打成泥狀，備用。

2. 將 B 組的黃豆芽洗淨切段、豆腐切丁與(1)項的馬鈴薯泥放入鍋中，加水約5杯，煮滾後，加鹽、天然無發酵醬油調味，上桌前灑上海苔片、蔥花，趁熱食用。

營養成分分析（供應份數: 約 6 人份）

營養成分	熱量747大卡	熱量比例
醣類（克）	83.5	45%
蛋白質（克）	52.2	28%
脂肪（克）	22.7	27%
鈉（毫克）	2661	
鈣（毫克）	163	
膳食纖維（克）	17.7	

認識食材

黃豆芽，在發芽過程中，其所含的多醣類消失，可避免吃黃豆可能引起的脹氣現象。常食用，亦能攝取維生素B1、B2、維生素C、鐵、磷、鈣等營養素。

健康指引

豆腐海帶芽濃湯，除含豆腐外，其他主要食材為馬鈴薯、黃豆芽等，富含鉀質及「普林」（purine），對尿酸偏高或限鉀飲食者，宜限量食用。

Taro Mushroom Soup
芋頭濃湯

營養師小叮嚀

「鹽」等調味料，最好等芋頭煮軟後，再加入。若太早加入，會造成芋頭不易煮爛，影響口感。

材料

A
- 芋頭(中) 1個
- 胡蘿蔔(小) 1根
- 新鮮洋菇 100克
- 香菇 5朵
- 蓮子 100克
- 金針花 3/4杯

B
- 腰果 1/4杯
- 水 1杯

C
- 鹽 1茶匙

做法

1. 芋頭、胡蘿蔔去皮洗淨切丁，洋菇洗淨切丁，香菇泡軟去蒂切丁，金針花洗淨切段，蓮子洗淨，備用。

2. 將 **B** 組中的腰果與水，用果汁機打成質地勻細的腰果奶，備用。

3. 將蓮子、胡蘿蔔、香菇放入鍋內，加水約6杯，煮滾後，加入芋頭，待蓮子、芋頭煮軟後，再加入新鮮洋菇及(2)項的腰果奶，需不停的攪拌，避免燒焦，最後加入金針花、鹽即可。

營養成分分析（供應份數: 約10人份）

營養成分	熱量1333大卡	熱量比例
醣類（克）	243	73%
蛋白質（克）	43	13%
脂肪（克）	21.2	14%
鈉（毫克）	2665	
鈣（毫克）	387	
膳食纖維（克）	31	

認識食材

芋頭，富含澱粉、維生素B1、B2。此外，其含氟量亦高，常食用，可彌補氟的不足，對預防齲齒有益。

Assorted Vegetable Soup
薏仁蔬菜濃湯

營養師小叮嚀

小薏仁不易煮爛，將其浸泡水中約1個小時後，更換新水再煮，可縮短烹煮的時間，使其柔軟可口。

材料

A
- 洋蔥 1個
- 胡蘿蔔 1根
- 蕃茄 2個
- 美芹 1根
- 馬鈴薯 2個
- 小薏仁 3/4杯
- 月桂葉 2片

B
- 鹽 1茶匙

做法

1. 洋蔥、胡蘿蔔、馬鈴薯去皮，洗淨切丁，蕃茄、美芹洗淨切丁，小薏仁、月桂葉洗淨，備用。
2. 先將洋蔥、胡蘿蔔、小薏仁、月桂葉一起放入鍋內，加水約6杯，用小火慢煮，待小薏仁煮軟後，加入蕃茄、美芹，煮滾後，再加入鹽即可。

營養成分分析（供應份數: 約8人份）

營養成分	熱量939大卡	熱量比例
醣類（克）	199	85%
蛋白質（克）	24.7	10%
脂肪（克）	5	5%
鈉（毫克）	2301	
鈣（毫克）	233	
膳食纖維（克）	25.7	

健康指引

此道濃湯，油脂及熱量均較一般濃湯低，可替代五穀根莖類，作為主食的一部份，不僅可獲得澱粉，又可從蔬菜中攝取多種維生素及礦物質，是一道健康又美味的濃湯。

Creamy Tomato Soup
蕃茄濃湯

材料

A
- 生腰果 1/4杯
- 水 1杯

B
- 紅蕃茄 5杯
- 洋蔥 1/2個
- 糙米飯 1/2碗
- 水 約4杯
- 調味料：
- 鹽 1/2茶匙
- 義大利調味料 1茶匙

做法

1. 蕃茄洗淨切塊，洋蔥去皮洗淨切成小丁，備用。

2. 將腰果及水1杯放入果汁機打勻，再加入蕃茄、糙米飯及水4杯繼續打成質地勻細狀，倒入鍋內，備用。

3. 洋蔥放入炒鍋中，用小火乾炒至香軟後，加入(2)項的蕃茄混合物及調味料拌勻煮滾即可。

營養成分分析（供應份數: 約6人份）

營養成分	熱量530大卡	熱量比例
醣類（克）	84.9	64%
蛋白質（克）	16.8	13%
脂肪（克）	13.7	23%
鈉（毫克）	1275	
鈣（毫克）	99.9	
膳食纖維（克）	11.0	

認識食材

蕃茄：富含維生素C、類胡蘿蔔素、茄紅素等多種營養素，可以阻止膽固醇的合成及壞的膽固醇氧化後黏在血管壁上，有降低血管粥狀硬化的好處。蕃茄生吃無法獲得最多的茄紅素，最好的方式是將蕃茄煮熟並加入一些堅果及種子等天然油脂，幫助茄紅素從植物細胞壁釋放，加速在人體內的吸收。

Purple Yam in Chinese Herb Soup
補氣養生湯

材料

Ⓐ
┌ 乾香菇......................... 5朵
│ 紫山藥......................... 120克
│ 有機豆包.................... 2片
│ 蔘鬚 2根
│ 當歸 3片
│ 黃耆 5片
│ 紅棗 10粒
└ 枸杞 2大匙

做法

1. 乾香菇洗淨泡軟，去蒂，山藥去皮洗淨切小段，紅棗、枸杞洗淨，備用。

2. 豆包洗淨瀝乾水份，放入烤箱，烤成金黃色，每片切成6小片，備用。

3. 將蔘鬚、當歸、紅棗、枸杞放入電鍋內鍋，加入香菇、山藥、豆包及水6碗，外鍋加水2杯，煮至按鈕跳起，加少許鹽調味即可。

營養成分分析（供應份數：約 6人份）

營養成分	熱量486大卡	熱量比例
醣類（克）	63.8	53%
蛋白質（克）	32.1	26%
脂肪（克）	11.4	21%
鈉（毫克）	1337	
鈣（毫克）	96	
膳食纖維（克）	11.7	

認識食材
山藥：又稱為淮山，主要成分有醣類、維生素B群、C、K及礦物質鉀等，亦富含膳食纖維。本草綱目記載：常食用，有助健脾胃、補虛益氣等功效。

健康指引
◎山藥屬於五穀根莖類，需控制飲食份量，如：糖尿病患或減重者，可替代部份主食。
◎易脹氣者不宜多吃。

Chinese Herb Soup

錦繡素齋

營養師小叮嚀

芋頭切塊後，可先烤至半熟，然後再放入鍋中煮，較不易煮成糊狀。

認識食材：

當歸、蓮子、蔘鬚、紅棗、枸杞子

當歸：可活血、調經

蓮子：可鬆弛平滑肌，有助減輕失眠、解除心悸、滋養身體的功效

蔘鬚：可強心補氣、補身

紅棗：有助降血壓、強化免疫力、通血脈的作用

枸杞子：能保護肝臟、明目、活化免疫細胞

做法

1. 將 Ⓐ 組中所有材料洗淨，香菇泡軟，大白菜切成大片，白蘿蔔、紅蘿蔔去皮切成滾刀塊，放入鍋內，加入適量的素高湯、鹽，用小火燉約半小時後，倒入燉盅內，備用。

2. 將 Ⓒ 組中的芋頭去皮切塊，凍豆腐切塊，粉絲泡軟切段，加入燉盅內，一起蒸約20分鐘即可。

材料

Ⓐ
- 素高湯 10杯
  （作法請參看本食譜第112頁）
- 蓮子 20顆
- 小朵香菇 6朵
- 大白菜 1/2棵
- 白蘿蔔 1/2個
- 紅蘿蔔 1根
- 當歸 3片
- 蔘鬚 3支
- 枸杞 100克
- 金針菇 150克
- 栗子 10顆

Ⓑ
- 鹽 1 1/2茶匙

Ⓒ
- 芋頭(中) 2個
- 凍豆腐 2杯
- 粉絲 1把

營養成分分析（供應份數: 約12人份）

營養成分	熱量2073大卡	熱量比例
醣類（克）	358	69%
蛋白質（克）	85.3	15%
脂肪（克）	26.4	16%
鈉（毫克）	3534	
鈣（毫克）	1113	
膳食纖維（克）	52.8	

L I G H T   Y O U R   H E A L T H

健康指引

◎ 將多種食材與藥材搭配一起烹煮，是一道溫和的藥膳燉品。

◎ 食材中的蓮子、芋頭、栗子、冬粉屬於澱粉類，糖尿病患者可將其列入飲食計畫，替換部分的主食。

◎ 此道素齋，含鉀量高，對於腎臟病或限鉀飲食患者，宜限量食用。

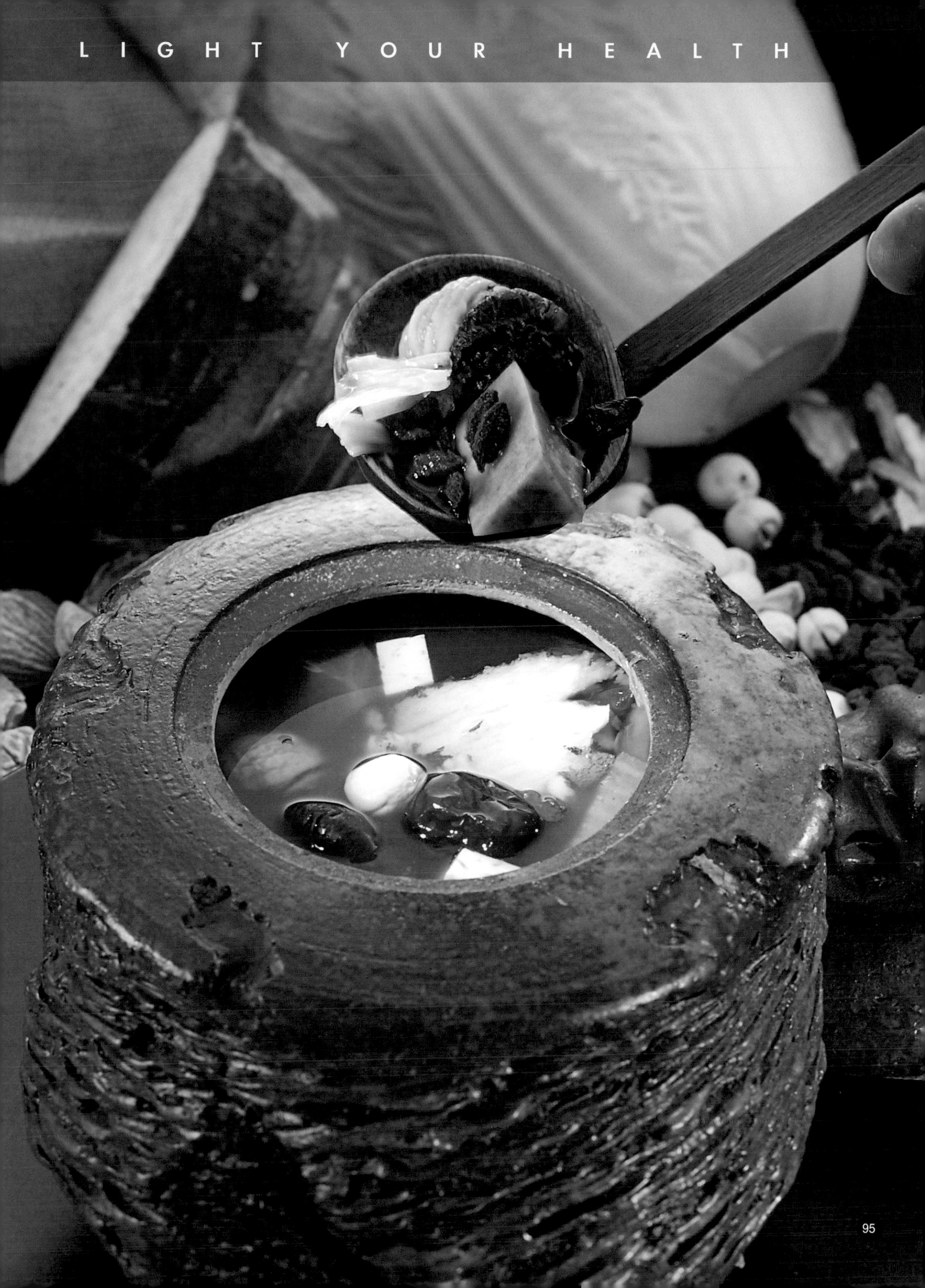

新食創意菜
其它篇 Others

一般市面上製作的菜餚、麵包、糕點均含較多的油脂、糖分及熱量。

「新起點」飲食，有鑑於此，

依循低糖、低油、低鹽、低熱量、高纖的健康飲食原則，

菜餚、麵包及甜點的材料，不含蛋、奶、提煉精製油及精製糖，

乃採用全穀類、豆類、蔬菜、水果及適量的核果或種子等天然食材製作，

且大部份的食譜製作過程簡單，很適合家庭自行製備。

咖哩蔬菜	Curried Vegetables
什錦茭白筍	Stir-Fried Water Bamboo
魚香茄子	Spicy Eggplant
金錢袋	Cabbage Stuffed with Vegetables
香菇鑲豆腐	Mushroom Stuffed with Tofu
全麥水餃	Whole Wheat Dumplings
核桃漢堡餅	Walnut Burger Patties
豆腐燕麥漢堡餅	Tofu Oat Burger Patties

LIGHT YOUR HEALTH

Curried Vegetables
咖哩蔬菜

材料

白花菜 1/2棵
馬鈴薯 1個
胡蘿蔔(中) 1/2根
毛豆 1/4杯
調味料：
鹽 1/2茶匙
鬱金香粉 1大匙
香菇調味料 1/4茶匙

做法

1. 將馬鈴薯、胡蘿蔔去皮洗淨切薄片，白花菜洗淨切成小朵，毛豆煮軟，備用。

2. 炒鍋內加水約1杯，待水滾後，依序加入馬鈴薯、白花菜、胡蘿蔔及調味料，至食材煮軟入味後，再放入毛豆拌勻盛盤即可。

營養成分分析（供應份數：約4人份）

營養成分	熱量277大卡	熱量比例
醣類（克）	48.9	71%
蛋白質（克）	15.4	22%
脂肪（克）	2.2	7%
鈉（毫克）	1329	
鈣（毫克）	126	
膳食纖維（克）	12.7	

認識食材

白花菜：屬於十字花科的蔬菜，富含蘿蔔硫素及異硫氫酸鹽，常食用，有助降低罹患大腸癌、乳癌、胃癌及攝護腺癌的機率。

鬱金香粉：富含薑黃素等植物化合物，具有抗氧化及抗發炎的功效，是咖哩粉的主要材料，但不含一般市售咖哩所含其他辛香刺激的成分。

Stir-Fried Water Bamboo

什錦茭白筍

材料

茭白筍........................ 5根
美芹............................ 1根
紅甜椒..................... 1/4個
黃甜椒..................... 1/4個
新鮮香菇.................. 1朵
調味料：
天然無發酵醬油......... 1茶匙
鹽............................ 1/2茶匙
香菇調味料............... 1/8茶匙

做法

1. 茭白筍洗淨切成粗長條，美芹洗淨切段，紅、黃甜椒及新鮮香菇洗淨，切成細絲，備用。

2. 炒鍋加水約1/2杯，待滾後，先放入茭白筍、香菇絲及少許醬油，入味後，再放入美芹、紅、黃甜椒及其他調味料拌炒即可起鍋。

營養成分分析（供應份數: 約 4人份）

營養成分	熱量108大卡	熱量比例
醣類（克）	18.6	69%
蛋白質（克）	6.6	24%
脂肪（克）	0.8	7%
鈉（毫克）	1377	
鈣（毫克）	41.7	
膳食纖維（克）	8.4	

認識食材
茭白筍：又稱茭瓜，富含維生素A、C等營養素，可促進新陳代謝、預防高血壓、減輕便祕的功效。

Spicy Eggplant
魚香茄子

營養師小叮嚀

挑選茄子，以外觀完整、觸感飽滿，且具深紫紅色光澤者較佳，切開後，泡在鹽水中，可防止氧化，抑制色澤改變。

做法

1. 茄子去蒂洗淨切段約5公分長、表面稍微用刀劃幾下，放入滾水中燙軟撈起，排列在盤中，備用。
2. 金針、木耳泡軟洗淨切碎。
3. 炒鍋內放水約1/3杯，待滾後，放入蒜末炒香，依序放入金針、木耳略炒，加入調味料拌勻，淋在茄子上面，撒些蔥末即可。

認識食材：

1. 茄子：含有多種維生素及礦物質，可消腫、散瘀，且有助預防高血壓及動脈硬化。但體質虛冷、腸胃功能不佳者，不宜多吃。
2. 黑木耳：含醣類、蛋白質、脂肪、纖維質、胡蘿蔔素、鈣、鐵等多種營養素。常食用，有活血、補血的功效，可防止血栓、降低心血管疾病的發生。此外，黑木耳含有一種多醣體，有助防癌。

材料

┌ 茄子	3條
│ 黑木耳	3朵
Ⓐ 金針（乾）...............	60克
│ 青蔥（末）...............	2大匙
└ 蒜（末）.................	2大匙
┌ 調味料：	
│ 新鮮檸檬汁............	1大匙
Ⓑ 蜂蜜	1茶匙
│ 天然無發酵醬油	1大匙
└ 鹽	1/4茶匙

營養成分分析（供應份數: 約 4 人份）

營養成分	熱量215大卡	熱量比例
醣類（克）	41.7	78%
蛋白質（克）	7.3	13%
脂肪（克）	2.1	9%
鈉（毫克）	1329	
鈣（毫克）	124	
膳食纖維（克）	15.6	

LIGHT YOUR HEALTH

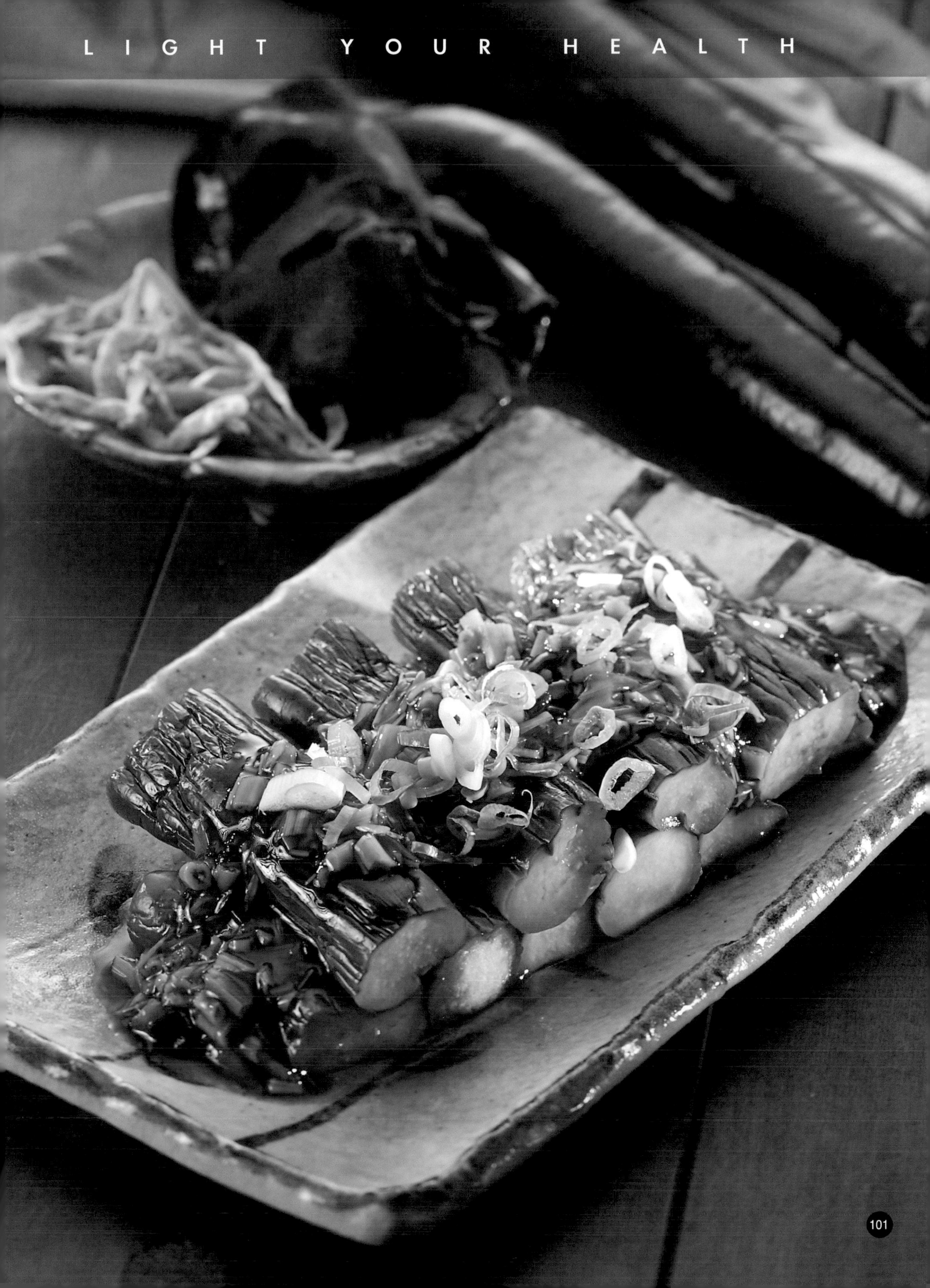

Cabbage Stuffed with Vegetables
金錢袋

營養師小叮嚀

此道食譜做法較為複雜，但很適合作為節慶或請客菜餚。

認識食材：

高麗菜：又稱卷心菜，含有豐富的維生素A、B1、C及鈣、鉀、硫等多種營養素，有助清血、減輕便祕等功效。

做法

1. 香菇泡軟去蒂切碎，胡蘿蔔、荸薺去皮洗淨切碎，豆干洗淨切碎，備用。

2. 高麗菜切去梗，將葉子一片片剝下洗淨，汆燙後取出，韭菜洗淨，汆燙後，撕成細絲，莧菜洗淨切碎，備用。

3. 炒鍋內加水約2大匙，先放入🅐材料中的香菇炒香，然後依序加入胡蘿蔔、荸薺、豆干及🅐中的調味料：醬油1大匙、鹽1/4茶匙炒過，再加入太白粉水，炒略稠狀，作成餡料，備用。

4. 高麗菜剪成直徑約10公分大小，包入餡，用韭菜絲綁成金錢袋狀，放入蒸籠，中火蒸約8分鐘後取出，排入盤中。

5. 炒鍋內放水約1/2杯，煮滾後，加入莧菜末、少許鹽，芶薄芡，淋在金錢袋上即可。

材料

```
┌ 香菇（乾）................. 3朵
│ 胡蘿蔔（中）.............. 1/3根
│ 荸薺 ....................... 6粒
│ 有機豆干................. 200克
🅐 調味料：
│   鹽 ........................... 1/4茶匙
│   天然無發酵醬油....... 1大匙
│   太白粉 ..................... 2茶匙
└ 水 ........................... 1大匙
┌ 高麗菜 ..................... 250克
🅑 莧菜 ....................... 100克
└ 韭菜 ....................... 數根
```

營養成分分析（供應份數：約12個）

營養成分	熱量823大卡	熱量比例
醣類（克）	99.4	48%
蛋白質（克）	55	27%
脂肪（克）	22.8	25%
鈉（毫克）	1581	
鈣（毫克）	1158	
膳食纖維（克）	20.7	

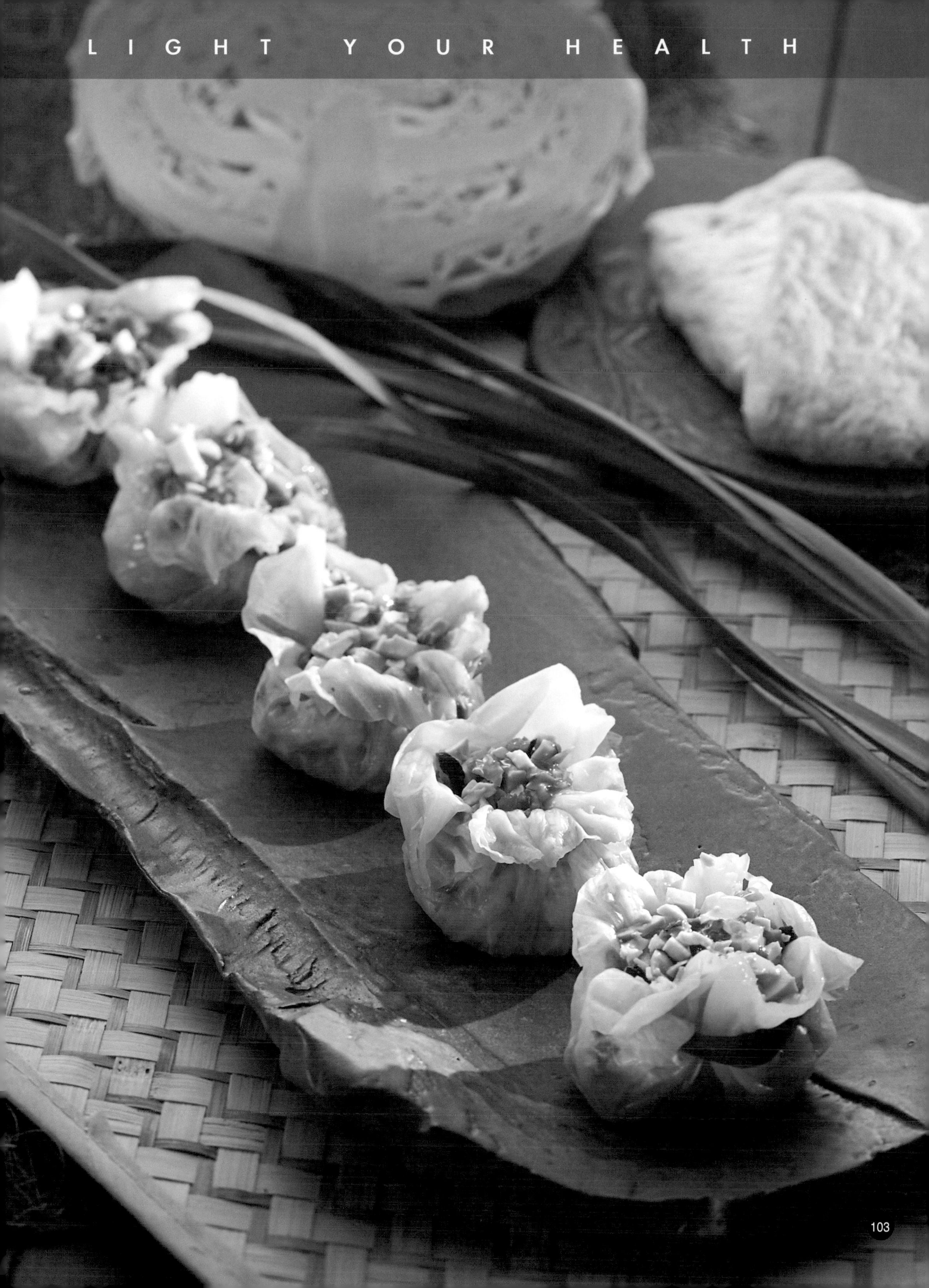

Mushroom Stuffed with Tofu
香菇鑲豆腐

營養師小叮嚀

1. 此道食譜使用的傳統豆腐，在料理前先汆燙過，可去除黃豆味，且可使質地密實，口感較好。一般豆腐未添加防腐劑，極易腐敗，因此，選購後應儘快放入盛有水的容器內，並放入冰箱保存，可延長保存的時間。
2. 餡料中的荸薺亦可用涼薯替代，增加脆感。

認識食材：

1. 香菇：含有香菇多醣體、維生素、脂肪、蛋白質等成分。研究證實，香菇中的多醣體，可抑制腫瘤生長，亦可有效抑制血清和肝臟中膽固醇的上升，對於預防心血管疾病及降低血壓有積極的作用。
2. 荸薺：口感爽脆，富含黏液質，有生津潤肺化痰的作用，荸薺中的粗蛋白、澱粉能促進大腸蠕動，粗脂肪有滑腸通便作用，可改善便祕。

做法

1. 先將Ⓐ中胡蘿蔔、荸薺去皮洗淨切碎，芹菜洗淨切碎，備用。
2. 豆腐放入滾水中汆燙一下，撈出，瀝乾水份，壓成泥狀，加入胡蘿蔔、芹菜、荸薺及Ⓐ中調味料拌勻作成餡料，備用。
3. 將Ⓑ中的新鮮香菇洗淨去蒂，甜紅椒洗淨切小丁，香菜洗淨切碎，豆苗洗淨放入沸水中汆燙，撈出瀝去水份，墊盤底，備用。
4. 將Ⓑ中的調味料拌勻煮沸，作成醬汁，備用。
5. 將每個香菇內面抹一層太白粉，填入餡料後，排列在盤內，蒸約8～10分鐘，取出，排列在豆苗上，上面放甜紅椒、香菜裝飾，淋上醬汁即可。

材料

Ⓐ	老豆腐	300克
	胡蘿蔔(中)	1/3根
	芹菜(末)	1/3杯
	荸薺	3粒
	調味料：	
	天然無發酵醬油	1大匙
	蜂蜜	1/2茶匙
	太白粉	1大匙
Ⓑ	新鮮香菇	12朵
	豆苗	300克
	甜紅椒	1/2個
	香菜	少許
	調味料：	
	水	4大匙
	天然無發酵醬油	1大匙
	蜂蜜	1/2茶匙
	香菇調味料	1/4茶匙
	蕃茄醬	1茶匙
	鹽	1/4茶匙

營養成分分析（供應份數：約12個）

營養成分	熱量601大卡	熱量比例
醣類（克）	81.2	54%
蛋白質（克）	42.8	28%
脂肪（克）	11.7	18%
鈉（毫克）	1916	
鈣（毫克）	470	
膳食纖維（克）	15.5	

LIGHT YOUR HEALTH

健康指引

菇類食物，含「普林」(Purine)較高，尿酸偏高的患者，宜限量使用。

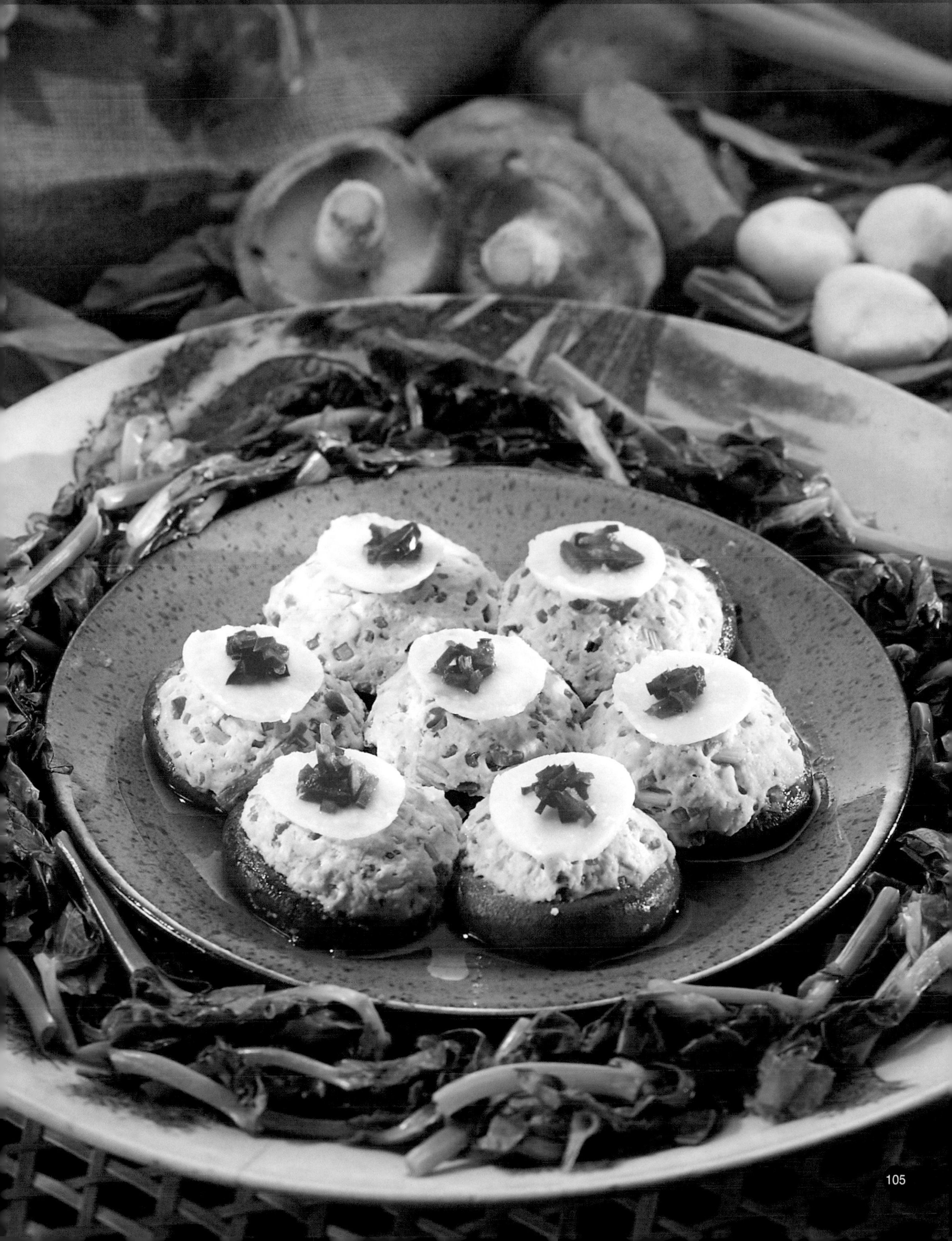

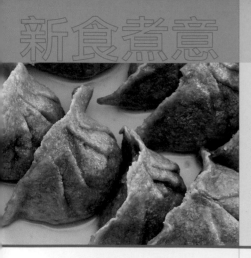

Whole Wheat Dumplings
全麥水餃

營養師小叮嚀

水餃餡的食材，可用食物調理機
或果汁機攪碎，方便又省時。

做法

1. 高麗菜洗淨切碎，加入少許鹽搓揉後，去掉水分，備用。

2. 豆包洗淨切碎，冬粉用熱水泡軟，瀝乾水分後切碎，胡蘿蔔去皮切碎，香菇
   泡軟，擠去水分切碎，備用。

3. 將(1)項與(2)項材料混合，再加入榨菜末與 Ⓒ 組調味料一起拌勻，作成餡。

4. 取適量的餡包入全麥水餃皮內，可用水煮或蒸的方式，煮熟即可。

材料

Ⓐ 全麥水餃皮 約60張

Ⓑ
高麗菜 1/2棵
豆包 8片
冬粉 1小包
胡蘿蔔(中) 1/2根
香菇 4朵
榨菜(末) 3大匙

Ⓒ 調味料
天然無發酵醬油 3大匙
鹽 2茶匙

營養成分分析（供應份數：約60粒水餃）

營養成分	熱量2539大卡	熱量比例
醣類（克）	338	53%
蛋白質（克）	182	29%
脂肪（克）	51	18%
鈉（毫克）	6346	
鈣（毫克）	729	
膳食纖維（克）	19.2	

製作過程：

健康指引

糖尿病患或減重者，在其飲食計畫中，3粒水餃相當約1份主食及1份蛋白質。

Walnut Burger Patties
核桃漢堡餅

材料

Ⓐ ┌ 生腰果 1/4杯
   └ 水 3/4杯

Ⓑ 全麥土司 2片

Ⓒ ┌ 糙米飯（煮熟）........ 1杯
   │ 核桃（切碎）............. 1/4杯
   │ 鹽 1/2茶匙
   │ 醬油 1 1/2大匙
   │ 洋蔥（切碎）............. 1/2個
   │ 美芹（切碎）.............. 1根
   │ 洋香菜（切碎）.......... 1大匙
   └ 全麥麵粉 2大匙

做法

1. 將 Ⓐ 組中的腰果與水，用果汁機打勻，備用。

2. 將 Ⓑ 組中的全麥土司用果汁機或食物調理機打碎，備用。

3. 將（1）、（2）項及 Ⓒ 組中的所有材料混合拌勻，每次取約4平大匙的量作成漢堡餅形狀，可用平底不沾鍋煎或放入烤箱（預熱175℃），兩面呈金黃色即可。

營養成分分析（供應份數：約8片）

營養成分	熱量932大卡	熱量比例
醣類（克）	120	52%
蛋白質（克）	26.8	11%
脂肪（克）	38.4	37%
鈉（毫克）	2521	
鈣（毫克）	294	
膳食纖維（克）	9.6	

健康指引：

1片核桃漢堡餅約含116大卡熱量，相當1份主食和1份油脂，糖尿病患或體重控制者，可依其飲食計畫，自行替換食用。

Tofu Oat Burger Patties
豆腐燕麥漢堡餅

營養師小叮嚀

豆腐燕麥漢堡餅，一次可多量製備，煎至微黃成型、待涼後，用保鮮袋分裝，放入冷凍庫，可存放約2個星期。食用前，取出解凍，放入烤箱或用平底鍋煎熟即可。

材料

A
- 老豆腐......................2杯
- 燕麥片......................2杯
- 洋蔥（切碎）............1/2杯
- 杏仁豆（切碎）.......1/4杯

B
- 天然無發酵醬油........1大匙
- 義大利調味料............1茶匙
- 匈牙利紅椒粉............1茶匙
- 鹽.............................3/4茶匙

做法

1. 先將 **A** 組中的豆腐包入乾淨紗布內，擠去水分，放入容器內，然後加入其它所有的材料及 **B** 組的調味料一起拌勻，每次取約4平大匙的量，作成一個個漢堡餅，放入盤內，備用。

2. 將漢堡餅放入不沾平底鍋，用小火煎至兩面呈金黃色即可。

營養成分分析（供應份數：約16片）

營養成分	熱量1240大卡	熱量比例
醣類（克）	147	47%
蛋白質（克）	64.5	21%
脂肪（克）	43.8	32%
鈉（毫克）	3576	
鈣（毫克）	785	
膳食纖維（克）	14.4	

健康指引

一片豆腐燕麥餅約含78大卡的熱量，針對糖尿病或減重者，在其飲食計畫中，相當1/2份主食和1/2份蛋白質。

新食創意菜
自製調味料、醬汁

「新起點」飲食中所使用的醬汁、沙拉醬，

不含提煉精製油及反式脂肪酸，

乃採用天然的核果、種子或蔬果等食材製備，

較一般市面上的醬料含的油脂及熱量均低，

且含有其他豐富的維生素、礦物質、微量元素、纖維質等，

合乎健康又美味，可搭配生菜、麵包、馬鈴薯、米飯等一起食用。

LIGHT YOUR HEALTH!

Sauces & Dressings

素高湯	Vegetarian Stock
腰果沙拉醬	Cashew Dressing
豆腐沙拉醬	Tofu Mayonnaise
酪梨沙拉醬	Avocado Dressing
黃金沙拉醬	Golden Dressing
自製蕃茄醬	Homemade Ketchup
杏仁醬	Almond Butter
洋蔥蜂蜜杏仁醬	Almond Butter with Onion
自製醬油膏	Homemade Soy Paste
茄汁沙拉醬	Tomato Dressing
雪蓮子豆沙拉醬	Garbanzo Dressing
柳橙沙拉醬	Orange Dressing

LIGHT YOUR HEALTH!

Veetarian Stock
素高湯

做法
將所有的材料洗淨，高麗菜切成大片、胡蘿蔔切塊、玉米切段放入鍋中，加水約八杯，用小火熬成素高湯。

材料
黃豆芽	100克
高麗菜	$1^1/_4$棵
玉米	1根
胡蘿蔔	1根
海帶芽	20克
甘蔗	1節

營養師小叮嚀
用高麗菜、玉米等素材熬成的素高湯，湯汁鮮美，可替代味精。不妨一次準備多些分量，待涼後，分裝放入冷凍庫貯存。需要時，取出解凍，加入菜餚或湯內，可增加菜餚的鮮度。

Cashew Dressing
腰果沙拉醬

做法
將 Ⓐ 組中所有的材料放入果汁機中打成質地勻細的泥狀，然後倒入鍋內，用小火煮，並依序加入 Ⓑ 組的調味料，需不停攪拌，以防燒焦，煮至稠狀即可。

材料
Ⓐ	生腰果	1/2杯
	水	2杯
	新鮮檸檬汁	2大匙
	玉米粉	2大匙
Ⓑ	鹽	1/2茶匙
	洋蔥粉	1茶匙
	大蒜粉	1/2茶匙
	蜂蜜	2茶匙

營養成分分析（供應份數：約15大匙）

營養分份	熱量 442大卡	熱量 比例
醣類（克）	53.5	48%
蛋白質（克）	10	9%
脂肪（克）	21	43%
鈉（毫克）	1312	
鈣（毫克）	39	
膳食纖維（克）	1.7	

認識食材
腰果富含油脂，其中多為單元及多元不飽和脂肪酸，此外還含蛋白質、鉀、磷及硒等營養素，為天然、優質的油脂來源。

健康指引
腰果沙拉醬屬油脂類，1茶匙沙拉醬約含30大卡熱量。針對心血管疾病、糖尿病患，或減重者，在其飲食計畫中，$2^1/_2$大匙的沙拉醬相當1份的油脂。

Tofu Mayonnaise
豆腐沙拉醬

做法
將所有材料，用果汁機打勻（如需要，可加少許冷開水），裝入緊密容器中，冷藏，需儘速食畢。

材料

嫩豆腐（盒裝）...............	1盒
新鮮檸檬汁	2大匙
蜂蜜	1大匙
洋蔥粉	1茶匙
大蒜	1瓣
蒔蘿草	1/2茶匙
鹽	1/2茶匙

營養成分分析（供應份數：約15大匙）

營養成分	熱量 206大卡	熱量 比例
醣類（克）	17.9	35%
蛋白質（克）	15.6	30%
脂肪（克）	8	35%
鈉（毫克）	1399	
鈣（毫克）	61	
膳食纖維（克）	5.5	

認識食材
盒裝豆腐是使用葡萄糖酸內脂(GDL)作凝固劑，與一般傳統豆腐使用的鹽滷(石膏)不同，因此含鈣量較低，至於其它營養成分則差異不大。

營養師小叮嚀
此道沙拉醬，選用盒裝豆腐比一般傳統豆腐較為合適，因其質地細膩，無黃豆味，製作出的醬料口感較好。

健康指引
此沙拉醬清淡爽口，不含膽固醇及防腐劑，且油脂及熱量較一般市面上的沙拉醬低，適用於食慾不振、肥胖、心血管疾病患者。

Avocado Dressing
酪梨沙拉醬

做法
酪梨洗淨去皮，去核，切成塊狀，與其他所有材料一起放入果汁機內打勻，裝入密封罐內冷藏，需儘速食用，以免變質。

材料

軟酪梨(小)...............	1個
洋蔥（切碎）...............	1/2杯
水	1/2杯
洋蔥粉	1/2大匙
香蒜粉	1茶匙
檸檬汁	1大匙
鹽	1/2茶匙
啤酒酵母片	2大匙

營養成分分析（供應份數：約20大匙）

營養成分	熱量 487大卡	熱量 比例
醣類（克）	50.2	41%
蛋白質（克）	10.2	9%
脂肪（克）	27.3	50%
鈉（毫克）	1573	
鈣（毫克）	71	
膳食纖維（克）	9.4	

認識食材
啤酒酵母片，為天然植物性食品，富含蛋白質、維生素B群、磷、鉀、鎂、及一群酵素，可維護皮膚、神經的健康，及預防消化不良、口腔炎等症狀。

Golden Dressing
黃金沙拉醬

做法

將 ⓐ 組中的馬鈴薯、胡蘿蔔去皮洗淨切塊,放入鍋中,加入 1¹/₃ 杯水,用小火煮軟,稍涼後,連汁一起倒入果汁機,再加入 ⓑ 組中所有材料一起打成泥狀即可。可與米飯、馬鈴薯或蔬菜搭配一起食用。

材料

```
   ┌ 馬鈴薯(中).......... 1個
ⓐ │ 胡蘿蔔(中).......... 1/2根
   └ 水 ..................... 1¹/₃ 杯
   ┌ 生腰果..................... 20克
ⓑ │ 新鮮檸檬汁.............. 1¹/₂ 大匙
   │ 鹽 ...................... 1/2茶匙
   └ 香芹鹽 ................... 1/4茶匙
```

營養成分分析(供應份數:約20大匙)

營養成分	熱量 429大卡	熱量 比例
醣類(克)	64	60%
蛋白質(克)	14	13%
脂肪(克)	13	27%
鈉(毫克)	1696	
鈣(毫克)	56	
膳食纖維(克)	7.7	

Homemade Ketchup
自製蕃茄醬

做法

新鮮蕃茄洗淨切塊,用果汁機或食物調理機打成泥狀,倒入鍋內用小火慢煮成稠狀,需不停攪拌,再加入其它所有材料拌勻,離火,冷卻後,倒入密封容器內,冷藏即可。

材料

```
新鮮蕃茄(中) ..... 2個
蕃茄糊................... 1/4杯
新鮮檸檬汁............ 2大匙
蜂蜜.................... 1大匙
甜羅勒................ 1/2茶匙
蒜粉 ................... 1/2茶匙
洋蔥粉.................. 1/2茶匙
鹽 ..................... 1/2茶匙
```

營養成分分析(供應份數:約15大匙)

營養成分	熱量 238大卡	熱量 比例
醣類(克)	51.6	87%
蛋白質(克)	6	10%
脂肪(克)	0.9	3%
鈉(毫克)	1324	
鈣(毫克)	71	
膳食纖維(克)	4	

認識食材
蕃茄富含維生素A. C. 茄紅素(Lycopene)、香豆酸及產氨酸。據一些研究報告顯示,茄紅素具有抗癌作用,可降低攝護腺癌的罹患。而香豆酸、產氨酸在體內有抑制亞硝酸氨(致癌物質)的形成,亦有防癌功效。

營養師小叮嚀
挑選新鮮蕃茄時,紅色成熟的蕃茄比綠色,尚未成熟的蕃茄所含的茄紅素(Lycopene)高出2倍。在製作時,用小火慢煮,能使茄紅素更易釋出。

健康指引
自製蕃茄醬,其所含的鈉量及糖分是一般市售蕃茄醬的1/3,且熱量較低,想要吃的健康又美味,不妨自己作。

Almond Butter
杏仁醬

做法
杏仁豆放入烤箱（120℃），在烤的過程中需偶爾翻動，使杏仁豆接觸的溫度均勻，烤約30分鐘至杏仁豆成呈淺黃色（不要烤焦），取出，將其磨成醬。可使用的輾碎機有下列幾種：
(1) 果汁機（視刀片而定） (2) 食物調理機

材料
杏仁豆.................. 2¹/₂ 杯
（300克）

認識食材：
杏仁豆，含豐富的油脂，其中多為單元及多元不飽和脂肪酸，此外，亦富含維生素E、銅、鎂、精氨酸等營養素，為天然、優質的油脂來源。

營養成分分析（供應份數：約30大匙）

營養成分	熱量 1814大卡	熱量 比例
醣類（克）	33.2	7%
蛋白質（克）	56	12%
脂肪（克）	162	81%
鈉（毫克）	----	
鈣（毫克）	760	
膳食纖維（克）	27.5	

營養師小叮嚀
1. 冷凍的杏仁豆需解凍至室溫才可放入烤箱。
2. 建議杏仁豆趁熱時磨成醬。
3. 使用果汁機或食物調理機時，建議打一會兒停一下，攪拌後再打，如此不僅可使杏仁豆打得更勻細，也可避免機器馬達受損。

健康指引
◎ 杏仁醬屬油脂類，1大匙約含90大卡熱量，對於糖尿病或減重者，在其飲食計畫中，可替換2份油脂。
◎ 一般民眾適量食用杏仁醬或其它核果，種子類，以替代提煉精製的油脂，有助強健心臟、降低血膽固醇，及某些慢性病的罹患。

Almond Butter with Onion
洋蔥蜂蜜杏仁醬

做法
將所有材料混合拌勻，裝入密封罐內，冷藏即可。可塗抹在麵包或饅頭上，一起食用。

材料
原味杏仁醬 1杯
洋蔥（切碎）.......... 1/4杯
蜂蜜 2大匙
鹽 1/3茶匙

營養成分分析（供應份數：約20大匙）

營養成分	熱量 873大卡	熱量 比例
醣類（克）	49.7	23%
蛋白質（克）	22.7	10%
脂肪（克）	64.8	67%
鈉（毫克）	1200	
鈣（毫克）	312	
膳食纖維（克）	0.5	

營養師小叮嚀
此道醬料加入適量的天然無發酵醬油拌勻，就變成一道美味的沾醬。

Homemade Soy Paste

自製醬油膏

做法

鍋內放入醬油、水、蜂蜜煮沸後，加入 Ⓑ 組調好的糯米粉水，苟芡成稠狀即可。

材料

Ⓐ
- 天然無發酵醬油 1/2杯
- 水 1/2杯
- 蜂蜜 3大匙

Ⓑ
- 糯米粉 2大匙
- 水 4大匙

營養成分分析（供應份數：約25大匙）

營養成分	熱量 354大卡	熱量 比例
醣類（克）	77.7	88%
蛋白質（克）	10.3	11.5%
脂肪（克）	0.2	0.5%
鈉（毫克）	3102	
鈣（毫克）	6	
膳食纖維（克）	0.1	

健康指引

◎ 自行製作醬油膏，不含人工添加物及防腐劑，是較合乎健康的調味料。但因含鈉較高，高血壓患者需控制用量。

Tomato Dressing

茄汁沙拉醬

做法

聖女小蕃茄洗淨，瀝乾水分，與其它所有材料一起放入果汁機中打成質地勻細的泥狀，倒入密封罐內，冷藏，需儘速食畢。

材料

- 聖女小蕃茄 3杯
- 腰果 1/4杯
- 蜂蜜 2大匙
- 新鮮檸檬汁 1大匙
- 鹽 1/2茶匙

營養成分分析（供應份數：約30大匙）

營養成分	熱量 408大卡	熱量 比例
醣類（克）	53.3	52%
蛋白質（克）	10.9	11%
脂肪（克）	16.8	37%
鈉（毫克）	1273	
鈣（毫克）	79.8	
膳食纖維（克）	6.1	

健康指引

◎ 茄汁沙拉醬與一般沙拉醬最大的不同，在於油脂及熱量較低，1大匙僅含約20大卡熱量，不含膽固醇，卻多了維生素C及膳食纖維。

◎ 體重控制或糖尿病患者，可酌量減少腰果及蜂蜜的份量。

Garbanzo Dressing

雪蓮子豆沙拉醬

做法
將煮熟的雪蓮子豆1杯及其餘材料放入果汁機一起打至質地勻細狀即可。

材料
雪蓮子豆（煮熟）........	1杯
大紅....................	1個
蒜頭	2瓣
冷開水	1/2杯
鹽	1/4茶匙

營養成分分析（供應份數：約24大匙）
營養成分	熱量 354大卡	熱量 比例
醣類（克）	59.5	67%
蛋白質（克）	18.9	21%
脂肪（克）	4.5	12%
鈉（毫克）	811	
鈣（毫克）	142	
膳食纖維（克）	11	

營養師小叮嚀
◎ 雪蓮子豆洗淨後，浸泡水中約30分鐘後再煮，可縮短加熱時間。
◎ 此道醬料可與麵條、飯或蔬菜搭配一起食用。

認識食材
雪蓮子豆：又稱雞豆，富含蛋白質、醣類、膳食纖維及多種維生素及礦物質，有抗氧化、保護心血管的功能。

Orange Dressing

柳橙沙拉醬

做法
將新鮮柳橙汁及腰果放入果汁機中打勻，然後加入糙米飯、蒔蘿草及鹽繼續打成質地勻細狀即可。

材料
柳橙汁..................	$2^1/_2$ 杯
生腰果..................	1/3杯
糙米飯..................	3/4碗
蒔蘿草..................	1大匙
鹽	1茶匙

營養成分分析（供應份數：約45大匙）
營養成分	熱量 656大卡	熱量 比例
醣類（克）	113.2	69%
蛋白質（克）	13.4	8%
脂肪（克）	16.6	23%
鈉（毫克）	1709	
鈣（毫克）	27.6	
膳食纖維（克）	1.1	

認識食材
柳橙：含豐富維生素C，能形成膠原促進傷口癒合、幫助鐵質的吸收，且具有抗氧化作用，可增強免疫系統，降低癌症的罹患。

健康指引
◎ 此沙拉醬1平大匙僅含約25大卡熱量，油脂及熱量較一般沙拉醬低，且不含反式脂肪酸及膽固醇，是一道健康又美味的醬料。

Q 請問食譜中的蛋白質來源多為豆類製品，我本身有痛風，會不會使病情更加嚴重？

A 痛風是由於血液中尿酸含量過高，形成尿酸鹽，堆積在關節中而造成的。 血液中的尿酸來自兩方面：一方面是由身體自己製造出來；另一方面是由日常食物中得來，食物中的普林（Purine）經人體代謝後會轉變成尿酸。

痛風患者主要是新陳代謝出了問題，身體過量製造尿酸，或尿酸無法有效的由尿液中排出，使尿酸堆積在身體內，形成尿酸過高。痛風的治療主要是藥物，飲食治療只是輔助性的。飲食治療的主要重點：1.減少食用普林含量高的食物，而普林含量高的食物多來自於動物的內臟、海產類食物，其次才是香菇及黃豆。2.減少高脂肪的食物攝取，尤其是含飽和脂肪酸的肉類。3.減少飲酒。4.增加水分的攝取量。由於「新起點」的飲食不含動物性高普林、高飽和脂肪酸及高油脂的食物，因此並不會使尿酸增加。所以只要你能定期的回診監控尿酸值，並且與醫生配合按時服用藥物及遵守上述的飲食治療原則，就不用太擔心會使痛風加劇的情形。

若你正值痛風急性發作期，建議儘量避免各種乾豆類（黃豆、紅豆等）、發芽的豆類（黃豆芽、豆苗等）、綠蘆筍、香菇、酵母粉（健素）等的攝取，否則仍可適量食用。

Q 請問吃豆腐、豆乾等豆類製品，是不是容易得結石？

A 一般人認為結石的形成與「豆腐」，或者與「鈣質」攝取過多有關。事實上，對一般健康人而言，食物中的鈣並不會引起結石。根據近年來的研究發現，引起結石的發生與水分攝取不足、草酸食物攝取過多有關，因此，不能將罪過都只歸在一、二種食物上。即使是結石的患者，也應當攝取適量的鈣質（以1000毫克為限）。因此，防止結石產生或復發的方法是少吃草酸含量高的食物，如：菠菜、花生、巧克力、濃茶、可樂等食物。

根據哈佛大學公衛系的統計，非素食者得結石的比率較素食者多出三分之一，可能是素食者常食用富含鉀離子的蔬菜、水果等鹼性食物，有助降低結石的發生。因此，不用擔心食用豆類製品容易發生結石，反而是食用大量肉類及膽固醇食物的人，才應多加注意食物的選擇。

Q 請問不吃動物性的食物，是否容易造成缺鐵性的貧血？

A 不會。因為植物性來源的食物中，有很多亦含豐富的鐵質，例如：髮菜、深綠色蔬菜、蘆筍、堅果類（核桃、腰果、南瓜子、芝麻）、乾果類（葡萄乾、椰棗、加州梅）、全穀類等，而非只有從動物性食物中才可攝取得到。如每天將鐵質豐富的食物與維生素C含量高的蔬菜或水果搭配一起吃，能促進鐵質的吸收及利用，可避免缺鐵性貧血的問題。

Q 食譜中的菜餚都不使用提煉精製油烹調，會不會造成油脂缺乏的問題？

A 不會。現在大部份的人都會選擇提煉精製的植物油作為烹調用油，減少食用豬油、牛油等飽和脂肪酸高的動物性油脂。雖然，提煉精製的植物油含不飽和脂肪酸高，但油性較不穩定，易氧化產生自由基而增加心血管疾病、癌症...等某些慢性疾病的發生。因此，我們建議使用適量的天然核果類、種子類及豆類作為人體所需油脂的來源，其中多含「順式」的單元及多元不飽和脂肪酸，可避免血膽固醇的上升，且含有其他豐富的營養素，如：蛋白質、鐵質、鈣質、微量元素及纖維質等較提煉精製的油脂營養價高。

Q 洗腎患者，可以食用「新起點」素食嗎？

A 可以。洗腎患者藉由人工腎臟，將體內的廢物排出。而動物性來源的食物在體內代謝後所產生的氮廢物較植物性食物高。因此，可多選用植物性的蛋白質以替代動物性來源的食物，有助降低氮廢物的產生。此外，洗腎患者主要的併發問題多與心血管疾病有關，而「新起點」素食建議使用油脂的種類及分量，亦有助降低此併發症的發生。但洗腎患者還有其它熱量、水分、電解質等攝取的問題，最好經醫師監控血液的生化指數，由營養師為其作飲食計畫，以達患者所需的各種營養素。

Q 在食譜中介紹的全麥麵包、五穀酥、杏仁醬等，如無法自行製作，請問在哪裡可以購買得到？

A 在臺安醫院天然之味餐廳可以購買得到。該餐廳除供應「新起點」素食外，還製作各種全麥麵包、五穀酥、杏仁醬及其它食品。

Q 我是一位單身上班族，且是素食者，我覺得一般素食餐廳料理的食物都很油膩，在哪裡可以找到供應合乎健康素食的餐廳？

A 一般素食餐廳料理，喜歡將豆製品及一些蔬菜先用油炸過，然後再將其回鍋油作烹調用。用此烹調方法作出的菜餚，不但油脂含量高、且油脂經過反覆加熱，更易氧化，產生較多的自由基。經常食用不正確方法烹調的食物、對身體的健康是有影響的。臺安醫院的天然之味餐廳、一些生機素食餐廳是較理想的選擇。

Q 「新起點」飲食是屬純素食，是否會引起營養不良的問題？

A 近年來，越來越多的人為了保健的因素而吃素，也有人懷疑純素食：無蛋、無奶、無肉，營養是否足夠？事實上，每天從五大類食物：1.全穀類 2.蔬菜類 3.水果類 4.豆類及其豆製品 5.核果及種子類中攝取，且每類食物中多作變化，而維生素B_{12}可從添加維生素B_{12}的穀物食品、豆奶、海藻、啤酒酵母、酵母粉(健素)或適量維生素B_{12}補充劑中獲得，應可達到均衡的營養。即使兒童、青少年、孕婦及哺乳婦遵守「新起點」素食，亦不致有營養缺乏的問題。

Q 根據食譜中的「新起點」素食原則，建議蔬菜與水果以不同餐吃為佳，原因何在？

A 水果在胃中消化時間約1~2小時，而蔬菜在胃中消化時間較長，約3~4小時。如果蔬菜與水果同餐吃，容易造成水果中的果糖在胃腸中（體溫37.5℃）停留時間延長而發酵，產生酒精及其它多種不好的物質。如果長期有酒精及其它不好的物質存在腸胃中，易影響腸胃及肝臟的功能。

參 考 資 料

1. 「新起點」健康生活計劃教學手冊：財團法人基督復臨安息日會臺安醫院，1997。

2. Christenson SJ, Vries FD. Weimar Institute's NEWSTART Lifestyle Cookbook. Nashville, TN; Thomas Nelson ,Inc., Publishers; 1997.

3. Pennington J, Church HN. Bowes and Church's Food Values of Portions Commonly Used. 14th ed. Philadclphia, PA ; J. B. Lippincott Company ; 1985.

4. Winston C. Current Issues in Vegetarian Nutrition. An International Vegetarian Nutrition Conference. Andrews University, Michigan on June 16-19;1994.

5. Messina M, Messina V. The Dietitian's Guide To Vegetarian Diets: Issues and Applications. Gaithersburg, Maryland, Aspen Publishers, Inc.; 1996.

6. 臺灣地區食品營養成分資料庫：食品工業發展研究所、屏東科技大學著。初版。行政院衛生署編，1998。

◎ 香料購買地點：臺安醫院（地下一樓天然之味餐廳）
地址：台北市八德路二段424號
電話：+886 (2) 27718151 轉 2754
一般超市（西式食材）
雜貨店（一般食材）

財團法人
基督復臨
安息日會
Taiwan Adventist
HOSPITAL

臺安醫院

臺安醫院簡介

臺安醫院是由「基督復臨安息日會」所創辦，為該會全球四百多所醫療機構之一。1949年，本會由上海遷移來台北，並由米勒耳博士負責籌劃創設事宜，1955年3月28日正式揭幕，設有70張病床，新穎的醫療設備堪稱台灣之最，隨著服務量增加及新設備的擴充，原舊大樓面積已不敷使用，1986年於原址興建新大樓，將一般病床及加護病床、洗腎病床、精神科日間病床等特殊病床擴充至近450床，並於1994年經衛生署評鑑晉級為『區域教學醫院』。

我們的使命

我們同心為民眾身心靈的需要而服務，效法耶穌當日不倦不息的榜樣，去預防並解除疾病、苦難和罪的重擔，使人恢復健康、平安和完美的品格。

我們的願景

我們擔負區域級基督教醫院的責任，為大台北地區民眾提供完整、專精及高成效的醫療服務，並積極關懷社群，促進民眾健康生活，樹立預防醫學的典範。

我們的價值觀

憐憫真誠　　友愛喜樂　　主動積極　　效率卓越

臺安醫院健診中心

提倡預防醫學，不以營利為目標的「臺安健診中心」，以正確且實際的科學數據，幫助大眾調整生活、預防疾病、追求健康。由專業醫師所設計之個人「半天免住院」的專案建議，且項目可因個人狀況、不同年齡、職業、生活型態、環境等因素來量身設計，再進行妥善、縝密、親切的健檢服務。

健診中心服務特色
- 多科專科主治醫師看診
- 設備現代、新穎
- 流程順暢、快速
- 結果詳細、確實
- 專人衛教諮詢
- 醫療轉介完善
- 服務態度親切
- 環境溫馨舒適
- 交通便利

健診中心服務項目
- 美式半日、一日全身健康檢查
- 企業團體特約健康檢查
- 移民、留學健康檢查
- 新婚健康檢查
- 銀髮智慧族健康檢查
- 壽險公司特約健康檢查
- 外勞（定居）健康檢查
- 信、望、愛系列健康檢查
- 其他特定項目健康檢查

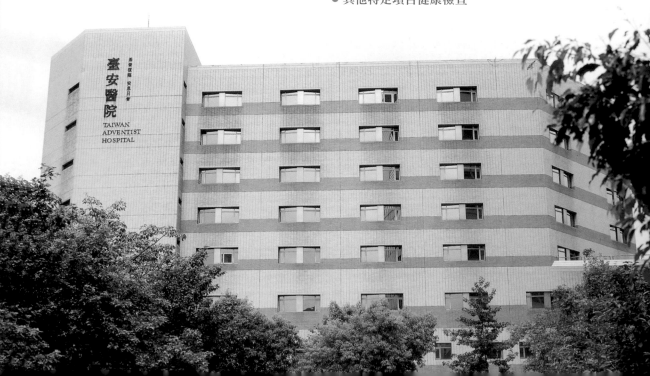

新起點健康生活計畫

NEWSTART 新起點

現代所謂文明生活的美食饗餮和豪華享受，實際上隱藏著許多錯誤及不良的生活方式，加上營養攝取過剩，飲食型態精緻化，更是導致癌症、糖尿病、高血壓、心臟血管疾病、腦血管疾病等種種慢性疾病之重要因素。美、加等先進國家，在近年來的醫學研究指出：導致國民致病之諸項因素，可歸納為四大類，即：一、行為因素及不健康的生活型態佔50%，二、環境引起的危害佔20%，三、人體的生物因素佔20%，四、醫療保健體系不健全佔10%；行政院衛生署國民健康局亦指出：「生活型態是造成疾病發生的主要原因。」

一向致力於預防醫學工作的臺安醫院為提升生命品質，特別規劃「新起點健康生活計劃」藉由身體檢查、醫師問診、健康課程、自然飲食、烹飪教導、運動強身、心靈舒解、水療按摩等，來強化免疫系統，改善糖尿病、高血壓、骨質疏鬆症及降低心臟病發生機率、紓解壓力、控制體重、減肥、舒緩關節炎風溼痛、防治過敏、預防癌症，並幫助建立正確的健康生活方式，使身、心、靈均可得到最佳的調適！

臺安醫院自1997年11月開辦「新起點健康生活計劃」課程以來，迄今已幫助了數千人改善健康。學員在參加後，血糖、血脂有明顯的下降，其中又以高血糖、高血脂的患者最為明顯。「新起點健康生活計劃」是健康生活型態的改革！不只能預防疾病，更能改善國人十大死因中之多種慢性惡疾。

臺安健康管理中心

為忙碌的現代人，我們設計了一套不用住宿的新起點健康生活計畫。並在臺安醫院醫療大樓旁獨立新建"健康管理中心大樓"，設立環境優良的教室，設備媲美一流健身中心的運動中心及健康無油的天然之味餐廳。讓追求健康的民眾，同時兼顧健康、事業及家庭的照顧。

三育健康教育中心

為大家熱切期待，號稱台灣小瑞士，擁有自然美景的「三育健康教育中心」已於2001年5月正式對外開放。本中心座落於魚池、擁有雙人套房42間，家庭套房8間，可舉辦各種健康休閒活動，並有專業健身中心、水療中心、溫水游泳池、烹飪教室、120人餐廳、20～40人會議室、漩渦按摩池及祈禱室，歡迎週休二日全家蒞臨體驗，享受寧靜、洗滌塵慮。

特為您規劃的健康生活計劃活動
1. 自然飲食強化身體機能：採用蔬果五穀雜糧均衡自然營養。
2. 身體健康檢查：13天班在活動前後皆作一次血液和身體檢查。
3. 醫師問診：由專業醫師個別進行健康諮詢及健康評估。
4. 健康課程教學：由醫師及專業人員專題講解。
5. 自然排毒體驗：幫助學員將體內毒素排出體外，舒暢全身血液循環，紓解壓力。
6. 健康營養的天然烹調法：由專業人員講解示範，全體學員一起參加實習。
7. 提供新起點飲食：高纖、無精製糖、無提煉油、無動物奶、無蛋的天然、均衡之營養素食。
8. 室內及戶外運動強身：每天皆由專人負責帶動各項運動，促進肌肉及心肺功能。
9. 精神心靈培育：由專人每日分享心靈健康及紓解精神壓力之良方。
10. 畢業學員聯誼會：藉此保持新起點學員之聯絡，互相鼓勵和支持。
11. 貫徹追蹤健康生活的成效：參加健康生活計畫之後，有專員追蹤畢業學員的健康指標。

Nutrition 均衡營養

Exercise 持久運動

Water 充足水分

Sunlight 適度陽光

Temperance 節制生活

Air 清新空氣

Rest 身心休息

Trust in God 信靠上帝

健康幸福的
秘密武器

國家圖書館出版品預行編目資料

新食煮意＝Newstart：light your health!
／臺安醫院編著. --臺北市：時兆, 2008.01
時兆：2008（民97）
　面；　　公分. --（新起點健康食譜系列.
新食煮意；1）
參考書目；面
ISBN 978-986-83138-4-2（平裝）
1. 素食食譜
427. 31　　　　　　　　　　96020123

新食煮意

新起點健康食譜系列
新食煮意 I

高纖維．無提煉油．無精製糖．無蛋．無奶．零膽固醇健康食譜

Light your health !

編　　　著／　臺安醫院

董 事 長／　胡子輝

發 行 人／　周英弼

執 行 企 劃／　劉啓琴

版 面 構 成／　時兆設計中心

攝　　　影／　邱春雄

出 版 者／　財團法人基督復臨安息日會台灣區會時兆出版社

地　　　址／　台北市105八德路二段410巷5弄1號2樓

　　　　　　　電話：886-2-27521322（代表號）

　　　　　　　傳真：886-2-27401448

　　　　　　　Email: stpa@ms22.hinet.net

劃 撥 帳 戶／　基督復臨安息日會時兆雜誌社

劃撥帳號法／　00129942

律 顧 問／　統領法律事務所 886-2-23212161

印　　　刷／　科樂印刷事業股份有限公司

總 經 銷／　東芝文化 886-2-82421523

總 經 銷／　台北縣235中和市中山路2段315巷2號4樓

發 行 日／　2008年12月再版1刷

缺頁或裝訂錯誤請寄回本社營業部更換。
本社書籍及商標均受法律保障，請勿觸犯著作權法或商標法。